U0167112

全站式带电检测

主　编　张　弓　姜　勇

副主编　吕朝晖　虞　驰　范旭明

中国水利水电出版社

www.waterpub.com.cn

·北京·

内 容 提 要

本书主要内容由红外热像检测，紫外成像检测，开关柜暂态地电压局部放电检测，超声波局部放电检测，GIS 特高频局部放电检测，避雷器泄漏电流检测，变压器铁芯、夹件接地电流检测，全站式带电检测模式等组成。

本书可供电网企业输变电工程各级管理人员、技术人员阅读。

图书在版编目（ＣＩＰ）数据

全站式带电检测 / 张弓，姜勇主编. -- 北京 ： 中
国水利水电出版社，2021.11
ISBN 978-7-5226-0064-2

Ⅰ. ①全… Ⅱ. ①张… ②姜… Ⅲ. ①电力设备—带
电测量 Ⅳ. ①TM93

中国版本图书馆CIP数据核字(2021)第210316号

书 名	**全站式带电检测** QUANZHANSHI DAIDIAN JIANCE
作 者	主 编 张弓 姜勇 副主编 吕朝晖 虞驰 范旭明
出版发行	中国水利水电出版社 （北京市海淀区玉渊潭南路 1 号 D 座 100038） 网址：www.waterpub.com.cn E - mail：sales@mwr.gov.cn 电话：（010）68545888（营销中心）
经 售	北京科水图书销售有限公司 电话：（010）68545874、63202643 全国各地新华书店和相关出版物销售网点
排 版	中国水利水电出版社微机排版中心
印 刷	清淞永业（天津）印刷有限公司
规 格	184mm×260mm 16 开本 9.25 印张 202 千字
版 次	2021 年 11 月第 1 版 2021 年 11 月第 1 次印刷
定 价	**72.00 元**

本书编委会

主　　编　张　弓　姜　勇

副 主 编　吕朝晖　虞　驰　范旭明

参编人员　黄晓峰　钱　平　徐　华　阿布都艾尼·阿布都克力木

　　　　　　艾尼瓦尔·吐尔逊　朱国平　汪卫国　蒋黎明　吴胥阳

　　　　　　施首建　高　山　刘　畅　吕红峰　周　彪　金杭勇

　　　　　　方玉群　楼伟杰　曾　瑾　余忠东　季克勤　应　挺

　　　　　　王颖剑　张健聪　赵新语　周　旺　盛　骏　方　凯

　　　　　　王瑞平　詹江杨　余　凯　朱　虹　胡展敏　虞明智

　　　　　　钱佳琦　何正旭　徐俊明　雷骏昊

前 言
FOREWORD

带电检测是在电力设备通电运行状态下进行监测的一种高新技术。利用传感技术和微电子技术对运行中的设备进行实时监测，获取设备运行状态的各种物理量数据，并对其进行分析处理，预测运行状况，根据实时数据得出检测报告。带电检测技术能对系统中重要设备的运行状态进行监视与检测，及时发现设备的各种劣化过程的发展，尽可能在不影响设备正常工作的前提下及时开展维修，高效地保证了电力系统的安全运行。带电检测具有手段丰富、灵活性好、缺陷检出率高等优点，使得带电检测技术在变电站电气设备状态检修中广泛应用。

本书希望读者能学习到以下知识：第一，学习检测原理，并熟练掌握试验装置的工作原理，拥有过硬的知识储备可以帮助员工迅速精准的判别、定位，消除设备故障，提升其现场作业、分析问题和解决问题的能力。第二，学习判断办法，熟悉判断标准，通过对实验数据的分析判断，掌握电气设备的真实状态、及时发现可能出现的缺陷、故障。考虑到某些电气设备的实际状态仅靠单项试验项目的实验数据不能真实全面地反映出来，就需要开展多个试验项目，融合多组数据进行综合分析。第三，熟悉现场实际操作的工作流程，包括从试验前的准备工作，到试验时对被试品进行正确的试验，再到试验结束后的检查工作及规范现场作业标准化流程。同时，还需明确各个带电检测项目的影响因素和注意事项，能对试验中的外界条件、被试品的状态和试验中可能存在的干扰对试验结果的影响进行分析、排除。第四，以现场实际案例为依托，通过介绍以往工作过程中碰到的缺陷和故障的检测过程与结论分析，更具象地将变电设备带电检测的理论体系与现场实际有机结合。

本书共分8章，分别介绍了红外热像检测，紫外成像检测，开关柜暂态地电压局部放电检测，超声波局部放电检测，GIS特高频局部放电检测，避雷器泄漏电流检测，变压器铁芯、夹件接地电流检测，全站式带电检测模式等内容。

在本书的编写过程中得到了许多领导专家和同事的支持与帮助，同时参考了大量有价值的专业书籍，给作者带来了有益的思路与启发，在此表示衷心感谢。

由于作者水平所限，书中难免有不妥或疏漏之处，敬请专家和读者批评指正。

目 录
CONTENTS

第1章 红外热像检测

红外检测技术以其特有的非接触、实时快速、形象直观、准确度高、灵敏度高、适用面广等优点备受国内外工业企业用户的青睐。目前。在工业生产过程、产品质量控制和监测、设备的在线故障诊断和安全防护以及节约能源等方面，红外检测技术都发挥着非常重要的作用。尤其是近 20 年来，随着科学技术的飞速发展，红外测温仪在技术上得到了迅速发展，其性能不断完善、功能不断增强，适用范围也不断扩大。

红外检测是一种非接触式在线监测的高科技技术，它集光电成像、计算机、图像处理等技术于一体，通过接收物体发射的红外线，将其温度分布以图像的方式显示于屏幕，从而使检测者能够准确判断物体表面的温度分布状况。红外检测能够检测出设备细微的热状态变化，准确反映设备内、外部的发热状况，能非常有效地发现设备的早期缺陷及隐患。

1.1 专业术语

（1）温升：被测试设备表面温度和环境温度参照体表面温度之差。

（2）温差：不同被测试设备或同一被测试设备不同部位之间的温度差。

（3）相对温差：两个对应测点之间的温差与其中较热点的温升之比的百分数。

（4）环境温度参照体：用来采集环境温度的物体。它不一定具有当时的真实环境温度，但具有与被检测设备相似的物理属性，并与被检测设备处于相似的环境之中。

（5）一般检测：适用与大面积电气设备红外检测。

（6）精确检测：主要用于检测电压致热型和部分电流致热型设备的内部缺陷，以便对设备的故障进行精确判断。

（7）电压致热型设备：由于电压效应引起发热的设备。

（8）电流致热型设备：由于电流效应引起发热的设备。

（9）综合致热型设备：既有电压效应，又有电流效应，或者电磁效应引起发热的设备。

1.2　检测原理

　　红外热像仪是利用红外探测器、光学成像物镜和光机扫描系统接收被测目标的红外辐射能量分布图形，然后反应到红外探测器的光敏元件上。在光学系统和红外探测器之间，有一个光机扫描机构对被测物体的红外热像进行扫描，并聚焦在单元或分光探测器上，由探测器将红外辐射能量转换成电信号。经过放大处理、转换或标准视频信号通过屏幕显示出被测目标的红外热像图。这种热像图与物体表面的热场分布相对应，实质上就是被测目标物体各部分红外辐射的热像分布。但由于信号较弱，与可见光图像相比，缺少层次和立体感。因此，在实际动作过程中更为有效地判断被测目标的红外热场分布，常采用一些其他辅助措施来增加仪器的实用功能，如图像亮度、对比度控制、伪彩色等技术等。探测器成像原理示意图如图 1-1 所示。

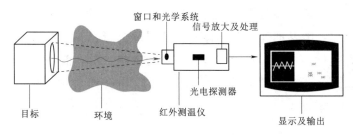

窗口和光学系统　信号放大及处理

目标　　环境　　红外测温仪　　光电探测器　　显示及输出

图 1-1　探测器成像原理示意图

　　红外热像仪的主要基本参数如下：

　　（1）空间分辨率：应用热像仪观测时，热像仪对目标空间形状的分辨能力。本行业中通常以 mrad（毫弧度）的大小来表示。毫弧度越小，表明其分辨率越高。弧度值乘以半径约等于弦长，即目标的直径。如 1.3mrad 的分辨率意味着可以在 100m 的距离上分辨出 $1.3\times10^{-3}\times100=0.13m=13cm$ 的物体。

　　（2）温度分辨率：可以简单定义为仪器或使观察者能从背景中精确地分辨出目标辐射的最小温度 ΔT。常用的热成像产品通常使用热灵敏度来表述该性能指标。

　　（3）最小可分辨：是温差分辨灵敏度和系统空间分辨率的参数（与观察者本身有关的主观评价参数）。定义：在使用标准的周期性测试卡（即高宽比为 7：1 的 4 带条图）的情况下，观察人员可以分辨的最小目标、背景温差。上述观察过程中，观察时间、系统增益、信号电平值等可以不受限制时调整在最佳状态。

　　（4）帧频：帧频是热像仪每秒钟产生完整图像的画面数，单位为 Hz。一般电视帧频为 25Hz。根据热像仪的帧频可分为快扫描和慢扫描两大类。电力系统所用的设备一般采用快扫描热像仪（帧频 20Hz 以上），否则就会带来一些工作不便。

1.3 检测影响因素

红外测温精度和可靠性与很多因素有关，如辐射率的影响、邻近物体热辐射的影响、距离系数的影响、大气吸收的影响、太阳光辐射的影响、风力的影响等。

1.3.1 辐射率的影响

一切物体的辐射率都在波长范围内，其值的大小与物体的材料、形状、表面粗糙度、氧化程度、颜色、厚度等有关。红外测温装置从物体上接收到的辐射能量大小与该物体的辐射率成正比。实际被测物体与黑体的差别体现在辐射率，透射率和反射率上。由于不同的温度和不同的波长产生的辐射不同，这是红外测温仪器在现场应用时造成测量误差的主要来源，也是现场实际应用时的困难所在。

由于影响因素较多，因而提供的各类物体的辐射率也只能是参考值，而且限定在仪器规定的工作波长区域和测温范围内使用。

1.3.2 邻近物体热辐射的影响

当邻近物体温度比被测物体的表面温度高很多或低很多，或被测物体本身的辐射率很低时，邻近物体的热辐射的反射将对被测物体的测量造成影响。被测物体温度越低，辐射率越小，来自邻近物体的辐射影响就越大。因此，需要进行校正，对长波段的仪器，工作过程中受到邻近物体热辐射严重干扰时，应考虑设置屏蔽等措施消除干扰。

1.3.3 距离系数的影响

当被测目标物体的距离满足红外测温仪器光学目标的范围时能够对物体进行准确的温度测量；当目标物体的距离太远时，仪器吸收到的辐射能减小，对温度不太高的设备检测十分不利；当红外热像仪的距离系数不能满足远距离目标物体的检测要求时，意味着在小于光学目标的条件下测温被测物体，会造成较大的误差；当背景为天空时，还会出现负值温度。

因此进行红外测温时，一定要满足红外热像仪本身距离系数的要求才能保证测温的准确性。

1.3.4　大气吸收的影响

大气中的水蒸气（H_2O），二氧化碳（CO_2），臭氧（O_3），一氧化氮（NO），甲烷（CH_4），一氧化碳（CO）等气体分子可以选择性地吸收不同波长的红外线，但辐射能会被衰减。这种衰减基于辐射能在大气中的吸收是有选择性的。通常，引起这种选择性吸收的是多原子极性气体分子，主要是水蒸气、二氧化碳和臭氧。大气吸收随空气湿度而变化，被测物体的距离越远，大气透射对温度测量的影响就越大。

因此，在室外进行红外测温诊断时，应在无雨、无雾，空气湿度低于75％的清新空气环境条件下进行，才能取得好的检测效果，便于对设备热缺陷的准确判断。

1.3.5　太阳光辐射的影响

由于太阳光的反射和漫反射在红外线波长区域内，与红外测温仪器设定的波长区域接近，但分布比例并不固定，极大地影响红外成像仪器的正常工作和准确判断。同时，太阳光的照射会使被测物体的温升叠加在被测设备的稳定温升上。

红外测温时，最好选择在天黑或没有阳光的阴天进行，这时红外检测的效果相对更好。

1.3.6　风力的影响

在风力较大的条件下，存在发热缺陷的设备裸露导体及接触体的温度会随风加速降温，不易被红外热像仪测出；因此在室外进行设备红外测温检查时，应在无风或风力很小的条件下进行。

1.4　检测注意事项

红外热像仪检测时应注意以下事项：

（1）检测目标及环境的温度不宜低于5℃，如果必须在低温下进行检测，应注意仪器自身的工作温度要求，同时还应考虑水汽结冰使某些进水受潮的设备的缺陷漏检。

（2）空气湿度不宜大于85％，不应在有雷、雨、雾、雪及风速超过0.5m/s的环境下进行检测。若检测中风速发生明显变化，应记录风速，必要时修正测量数据。

（3）室外检测应在日出之前、日落之后或阴天进行。

（4）室内检测宜闭灯进行，被测物应避免灯光直射。

1.5 现场实际操作

1.5.1 准备工作

（1）了解现场试验条件，落实试验所需配合工作。

（2）组织作业人员学习作业指导书，使全体作业人员熟悉作业内容、作业标准、安全注意事项。

（3）了解被试设备出厂和历史试验数据，分析设备状况。

（4）准备试验用仪器仪表，所用仪器仪表良好，有校验要求的仪表应在校验周期内。

（5）检查红外热像仪的电池电量，必须有满足测试所需的电量。

1.5.2 检测方法

（1）一般检测，包括以下工作：

1）红外热像仪在开机后，需进行内部温度校准，在图像稳定后即可开始。

2）设置保存目录、被检测电气设备的辐射率（一般可取 0.9）、热像系统的初始温度量程（高于环境温度 10～20K 的范围内进行检测）。

3）有伪彩色显示功能的热像系统，宜选择彩色显示方式，并结合数值测温手段，如高温跟踪、区域温度跟踪等手段进行检测。

4）应充分利用红外热像仪的有关功能达到最佳检测效果，如图像平均功能、自动跟踪功能等。

5）环境温度发生较大变化时，应对仪器重新进行内部温度校准（有自校准的除外），校准按红外热像仪的说明书进行。

（2）精准检测，包括以下工作：

1）精确检测时，设置检测温升所用的环境温度参照体应尽可能选择与被测设备类似的物体，且最好能在同一方向或同一视场中选择。

2）正确选择被测物体的辐射率（可参考下列数值选取：瓷套类，选 0.92；带漆部位金属类，选 0.94；金属导线及金属连接线，选 0.9）。

3）设置大气条件的修正模型，可将大气温度、相对湿度、测量距离等补偿参数输入进行修正，并选择适当的测温范围。

4）在安全距离保证的条件下，红外热像仪宜尽量靠近被检设备，使被检设备充满整个视场。以提高红外热像仪对被检设备表面细节的分辨能力及测温精度，必要时，可使用中长焦距镜头，线路（500kV）检测一般需使用中长焦距镜头。

5）应事先设定几个不同的角度，确定可进行检测的最佳位置，并做好标记，使以后的复测仍在该位置有互比性，提高作业效率，精确测量与跟踪。

6）保存红外测试图，对测试图进行编号记录，并记录异常设备的实际负荷电流和发热相、正常相及环境温度参照体的温度值。

（3）试验结束，应继续做好以下工作：

1）试验负责人确认试验项目是否齐全。

2）试验负责人检查实测值是否准确。

3）清理试验现场，试验人员撤离。

1.6 诊断方法

（1）表面温度判断法：根据测得的设备表面温度值，对照相关标准中关于设备和部件温度、温升极限的规定，结合环境气候条件、负荷大小进行判断。此方法主要适用于电流致热型和电磁效应引起发热的设备。

（2）同类比较判断法：根据同组三相设备、同相设备之间及同类设备之间对应部分的温差进行比较分析。

（3）相对温差判断法：主要适用于电流致热型设备。特别是对小负荷电流致热型设备，采用相对温差判断法可降低小负荷缺陷的漏判率。

（4）档案分析判断法：分析同一设备不同时期的温度场分布，找出设备致热参数的变化，判断设备是否正常。

1.7 缺陷类型及处理方法

1.7.1 缺陷类型

根据过热缺陷对电气设备运行的影响程度分为以下类型：

（1）一般缺陷：指设备存在过热，有一定温差，温度场有一定梯度，但不会引起事故的缺陷。

（2）严重缺陷：指设备存在过热，程度较重，温度场分布梯度较大，温差较大的缺陷。

（3）危急缺陷：指设备最高温度超过规定的最高允许温度的缺陷。这类缺陷应立即安排处理。

1.7.2　处理方法

红外检测发现的设备过热缺陷应纳入缺陷管理制度的范围，按照设备缺陷管理流程进行处理。

根据过热缺陷对电气设备运行的影响程度分成的三类缺陷，具有不同的处理方法，具体如下：

（1）一般缺陷：这类缺陷一般要求记录在案，注意观察其缺陷的发展，利用停电机会检修，有计划地安排试验检修消除缺陷。

（2）严重缺陷：这类缺陷应尽快安排处理。对电流致热型设备，应采取必要的措施，如加强检测等，必要时降低负荷电流；对电压致热型设备，应加强监测并安排其他测试手段，缺陷性质确认后，立即采取措施消缺。

（3）危急缺陷：这类缺陷应立即安排处理。对电流致热型设备，应立即降低负荷电流或立即消缺；对电压致热型设备，当缺陷明显时，应立即消缺或退出运行，如有必要，可安排其他试验手段，进一步确定缺陷性质。电压致热型设备的缺陷一般定为严重及以上的缺陷。

1.8　案例

1.8.1　案例一

某日，试验人员在 220kV ××变电站红外测温过程中，发现××线路间隔副母隔离开关 B 相正母侧接头过热，温度达到 107℃，正常相的温度为 39℃，环境温度为 25℃，相对温差达到了 82.93%，接头过热图如图 1-2 所示，参照《带电设备红外诊断应用规范》（DL/T 664—2016）中电流致热型设备缺陷诊断判据表 H.1 电流致热型设备缺陷诊断判据：

设备类别和部位：金属部件器设备与金属部件的连接。

热像特征：以接头和线夹为中心的热像，热点明显；故障特征：接触不良。

缺陷性质：一般缺陷，$\delta \geqslant 35\%$ 但未达到

图 1-2　接头过热图

严重缺陷温度的要求；严重缺陷，热点温度在 90～130℃，或 δ≥80％但未达到紧急缺陷温度的要求；紧急缺陷，热点温度高于 130℃，或 δ≥95％且热点温度高于 90℃。

故判断该缺陷为严重缺陷。

停电后对过热部位的接触电阻进行了测量，发现隔离开关 B 相靠 TA 侧接头接触电阻达 589μΩ。将接触面打开，发现接触面导电膏涂抹不均匀（图 1-3），并且存在毛刺（图 1-4），影响了接触面的导电能力。

图 1-3　接触面导电膏不均匀　　　　　　　　图 1-4　接触面毛刺

现场对接触面进行了处理，除去毛刺，重新涂抹导电膏，并涂抹均匀。将接头装回后测量，其接触面电阻为 13.6μΩ，阻值合格。复役后过热问题得到解决（图 1-5）。

1.8.2　案例二

某日，带电检测人员在 110kV××变电站 2 号主变压器红外测温时发现，其高压 A、C 相套管柱头部有发热问题，现场测试时环境温度为 16℃，110kV 侧负荷电流为 56A，相对温差达到 85.7％的红外图谱如图 1-6 所示。

图 1-5　接触面处理后　　　　　　图 1-6　2 号主变压器高压套管红外测温图（单位：℃）

参照《带电设备红外诊断应用规范》（DL/T 664—2016）中电流致热型设备缺陷诊断判据表 H.1 电流致热型设备缺陷诊断判据：

设备类别和部位：套管柱头。

热像特征：以套管顶部柱头为最热的热像；故障特征：柱头内部并接压接不良。

缺陷性质：一般缺陷，$\delta \geq 35\%$ 但未达到严重缺陷温度的要求；严重缺陷，热点温度为 $55\sim80℃$，或 $\delta \geq 80\%$ 但未达到紧急缺陷温度的要求；紧急缺陷，热点温度高于 $80℃$，或 $\delta \geq 95\%$ 且热点温度高于 $55℃$。

故判断该缺陷为严重缺陷。

结合停电年检机会对该变压器开展了消缺工作。检修人员主要开展了变压器的直流电阻测试，结果见表 1-1。

表 1-1 　　　　　　　　　　　　　　直 流 电 阻 测 试 结 果

挡位	第一次 $R_{AO}/mΩ$	第二次 $R_{AO}/mΩ$	第三次 $R_{AO}/mΩ$	不平衡率/%
1	379.4	351.0	425.1	21.1
2	372.7	344.5	416.9	21.0
3	365.2	338.0	411.2	21.6
4	359.8	331.5	404.8	22.1
5	352.2	324.7	396.0	21.9
6	346.4	317.1	390.2	23.0
7	335.1	309.3	382.3	23.6
8	327.1	301.7	374.5	24.1
9	320.5	292.3	363.5	24.3
10	329.4	301.5	374.9	24.3

拆除套管的将军帽，发现绕组引线接头部位有明显的过热发黑现象，同时将军帽内螺纹处有放电烧蚀痕迹，如图 1-7 所示。

对绕组引线接头与将军帽内螺纹进行打磨处理后恢复安装，再次开展直流电阻测试，结果合格。

一定要注意螺纹与螺纹的配合虽然紧密，但若未紧固，螺纹与螺纹之间始终存在一些间隙，可能造成螺栓导电接触面表面与空气水分接触发生氧化，造成接触电阻大幅增大，当这些间隙处于电场的作用下，甚至可能会发生发电，造成严重后果。螺栓接触面未紧固及紧固的情况如图 1-8 所示。

在开展套管头过热隐患专项排查工作中发现，在其他变电站也发现有同类缺陷。

某些变电站主变压器套管过热的红外图谱如图 1-9 所示，运行挡位下的直流电阻测试结果见表 1-2。

（a）绕组引线接着发黑

（b）将军帽内螺纹烧蚀

图 1-7　将军帽与绕组引线接触部位过热现象

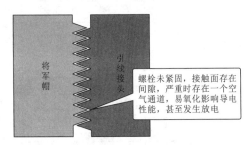
螺栓未紧固，接触面存在间隙，严重时存在一个空气通道，易氧化影响导电性能，甚至发生放电

（a）螺栓未紧固

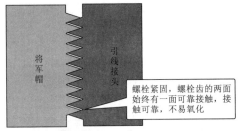
螺栓紧固，螺栓齿的两面始终有一面可靠接触，接触可靠，不易氧化

（b）螺栓未紧固

图 1-8　螺栓接触面未紧固及紧固的情况

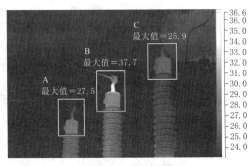
（c）义乌某2号主变压器

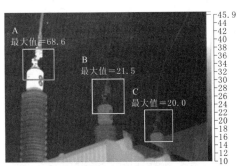
（b）义乌某1号主变压器

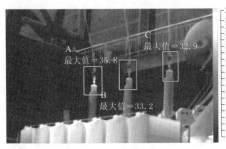
（c）义乌某2号主变压器

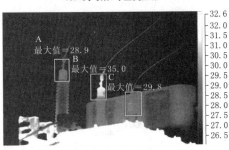
（d）武义某2号主变压器

图 1-9　某些变电站主变压器套管头红外图谱（单位：℃）

表 1-2

变 电 站	参 数	第一次 $R_{AO}/m\Omega$	第二次 $R_{AO}/m\Omega$	第三次 $R_{AO}/m\Omega$	不平衡率/%
永康某 1 号主变压器	测试值	471.3	503.2	470.2	7.0
	历史值	474.2	474.0	474.7	0.15
义乌某 1 号主变压器	测试值	534.3	485.3	487.1	10.1
	历史值	490.9	491.4	491.7	0.16
义乌某 2 号主变压器	测试值	310.8	307.5	306.2	1.5
	历史值	306.1	306.4	307.1	0.32
武义某 1 号主变压器	测试值	346.8	372.6	348.2	7.4
	历史值	340.3	339.4	341.6	0.65

结合表 1-1 和表 1-2 的直流电阻测试值可以发现：套管将军帽与绕组引线连接不可靠，会引入一个毫欧甚至几十毫欧级的接触电阻，使直流电阻不平衡率的大幅增大，但由于发热部位存在于密封部位，现场红外检测得到的温度及相间温差却并不很高，这有异于常规的接头过热问题。根据经验，现场检测得到的过热部位接触电阻很少超过 1mΩ，相间却呈现明显的温差。这也是为何相关红外诊断应用的标准中对于套管柱头发热缺陷定级的温度下限明显比接头类过热缺陷更为严苛的原因。

同时该类型过热的典型特征为：套管将军帽与绕组引线接触不良，接触电阻过大造成局部过热的红外热像特征是以将军帽导电密封头为发热中心的热像；由于发热源处于密封的将军帽内部，热量更容易沿着绕组引线向下传导，呈现出典型的套管油枕异常发热现象。

1.8.3　案例三

某日，作业人员在某 220kV 变电所开展红外测温工作，发现 220kV 正母线电压互感器 A 相电磁单元油箱存在异常过热现象，测试温度达到了 38.9℃，而其余两相均在 9℃左右。测温结果如图 1-10 所示。

参照 DL/T 664—2016《带电设备红外诊断应用规范》中电流致热型设备缺陷诊断判据表 I.1 电流致热型设备缺陷诊断判据：

设备类别和部位：电容式电压互感器的互感器部分。

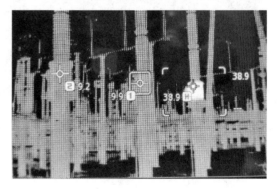

图 1-10　正母压变过热图谱（单位:℃）

热像特征：以整体温升偏高，且中上部温度高。

故障特征：介质损耗增大、匝间短路或铁芯损耗增大。

缺陷性质：温差超过 2～3℃，即为严重及以上缺陷。

故判断该缺陷为危急缺陷。

采集 A 相 CVT 电磁单元油箱内油样开展油样分析，结果见表 1-3。

表 1-3   油 色 谱 分 析 结 果

组成	注意值/(μL/L)	测试值/(μL/L)	组成	注意值/(μL/L)	测试值/(μL/L)
甲烷	—	461.64	氢气	150	246.31
乙烯	—	1846.17	一氧化碳	—	5166.77
乙烷	—	170.55	二氧化碳	—	57248.22
乙炔	2	10.96	总烃	100	2489.32

表 1-3 中总烃、乙炔、氢含量均远远超过了注意值。根据三比值法，对应故障类型为内部高温过热（高于 700℃）。

将故障相电压互感器进行解体分析。当脱开电容单元露出底部油箱时，发现电磁单元上附着一些黑色碳化物质，如图 1-11 所示。

图 1-11 黑色碳化物质

进一步取出线圈筒体，可见一次绕组外包绝缘存在大面积烧蚀破裂痕迹，且无法测得一次线圈电阻值。划开外包绝缘，发现一次线圈表面有一处轴向损伤凹痕，从受损处继续解体一次线圈直至里层，线圈均已严重烧蚀焦化，如图 1-12 和图 1-13 所示。

（a）外包绝缘烧蚀破裂

（b）一次线圈表面凹痕

图 1-12 一次线圈表面凹痕

图 1-13　线圈烧蚀焦化

第2章 紫外成像检测

当电气设备发生外绝缘局部放电过程时，其周围气体介质被击穿而电离。气体电离后所放射光波的频率与气体种类有关，由于空气中的主要成分是氮气，而氮气在局部放电的作用下电离的氮原子在复合时发射的光谱（波长 $\lambda = 280 \sim 400\text{nm}$）主要落在紫外光波段。因此，利用这一放电的光特征即可检测出电气设备的外绝缘局部放电现象。

紫外成像技术正是利用上述原理，通过特殊的仪器接收局部放电过程中产生的紫外信号，经处理后成像并与可见光图像叠加，从而达到确定电晕的位置和强度的目的，进而为评估电气设备的运行情况提供可靠评判依据。

2.1 专业术语

(1) 日盲紫外波段：太阳紫外光谱中被大气臭氧层所吸收的波段，波长范围为 $190 \sim 285\text{nm}$。

(2) 光子计数：紫外成像仪在一定增益下单位时间内观测到的光子数量，表征放电强度的主要指标之一。

(3) 紫外光检测灵敏度：紫外成像仪在有效检测范围内可以发现的最小放电紫外光强度，单位是 W/cm^2。

(4) 放电检测灵敏度：在一定条件下紫外成像仪在有效检测范围内可以发现的最小放电强度，单位是 pC。

(5) 角分辨率：日盲紫外成像仪能有差别地区分开两相邻日盲紫外光源的最小张角。

(6) 日盲紫外 TVL 线：日盲紫外成像仪紫外图像中可分辨的最大明暗条纹数。

(7) 带外抑制：仪器对日盲光谱频带以外信号的抑制能力。

2.2 检测原理

在电气设备出现外绝缘局部放电时，由于电场强度（或高压差）的不同，会产生电晕、闪络或电弧等现象。电离过程中，空气中的电子会不断获得和释放能量。当电子释放能量即放电时，就会辐射出光波和声波，还有臭氧、紫外线、微量的硝酸等物质。其中，放电过程中产生的紫外线光谱波长主要在 280～400nm。

紫外线是电磁波谱中波长为 10～400nm 辐射的总称，日光中也含有紫外线成分，但由于地球外表面的臭氧层吸收了部分波长的紫外线，实际上辐射到地面上的太阳紫外线波长基本在 300nm 以上，低于 300nm 的波长区间被称为太阳盲区。空气的主要成分是氮气，而氮气电离时产生紫外线的光谱大部分处于波长 280～400nm 的区域内，只有一小部分波长小于 280nm。小于 280nm 的紫外线处于太阳盲区内，若能探测到，则只可能是来自地球上的辐射。电晕放电和太阳能的紫外光谱图如图 2-1 所示。

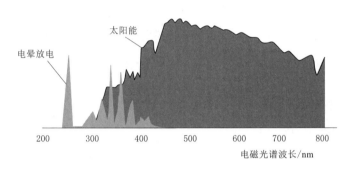

图 2-1　电晕放电和太阳能的紫外光谱图

率先进入我国的紫外成像仪 CoroCAM Ⅳ＋，其原理就是利用这一段太阳盲区，通过安装特殊的滤镜，使仪器工作在紫外波长 240～280nm，从而在白天也能观测到电晕现象。早期的紫外成像仪由于受太阳光中紫外线干扰太明显，只能在白天限制使用或者只能在晚上使用。紫外成像仪检测的光谱如图 2-2 所示。

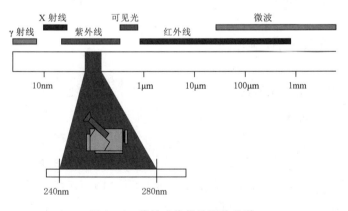

图 2-2　紫外成像仪检测的光谱

紫外成像仪的工作原理如图 2-3 所示。紫外成像仪有两个通道，分别是紫外线通道和可见光通道。其中，紫外线通道用于电晕成像，可见光通道用于拍摄周围环境（设备、导线等）。利用图片重叠技术可将两种图片重叠生成一幅图片，进而实现

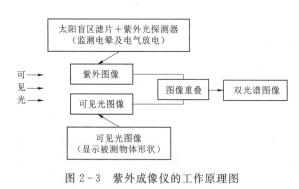

图 2-3 紫外成像仪的工作原理图

同时观察电晕和周围环境状况。因此，它可以检测电晕并清楚地显示电晕源的精确位置。

由于电晕一般在正弦波的波峰或波谷产生，且高压设备的电晕在放电初期总是不连续、瞬间即逝的；另外，在自然界和城市中到处都可能产生紫外线，对紫外检测产生干扰，这就对紫外成像仪器提出了抗干扰的性能要求。以 CoroCAM504 紫外成像仪为例，该款仪器根据电晕的这个特性，可以实时观察设备的放电情况，并显示一个与一定区域内紫外线光子总量成比例关系的数值，便于定量分析和比较分析；也可以将紫外线进行积分滤波，滤波器的参数可以手动设定。若正确调节仪器，可累计不连续地放电、滤除干扰信号，清楚地看到设备放电区域的形状和大小。

2.3 检测影响因素

统计紫外检测仪在检测中得到的紫外光子数可以作为被检测设备发生电晕的强度指标之一。紫外光子计数值受很多因素影响，其中主要的影响因素有仪器增益、检测距离、气压、温度、湿度和风力等。

2.3.1 仪器增益的影响

在电晕光谱中，紫外光所占的百分比是比较小的，且经光学传输损耗，最终到达感光元器件的光子数大为减少，大约为镜头接收总数的 3%。因此，为提高仪器灵敏度，仪器内部对进入光学系统的紫外光子进行增益处理，即在检测过程中调节紫外线通道的增益以适应不同的紫外线强度。紫外线较弱的场合设定高的增益；紫外线较强的场合设定较低的增益。成像仪的增益在 0~100% 范围内调节。使用时，调节仪器的增益到合理数值，以便使仪器既可以灵敏地发现电晕，又可以尽量降低背景干扰的影响。

随着增益的增高，光子图像依次会呈现点状、辐射星状和云状，3 个阶段没有明显的界限，其中：

（1）当仪器所选的增益比较小时，光子图像呈现点状，光子数跳跃性很大。因此，一般并不用于紫外检测，而是用于放电源位置定位。

（2）当仪器增益与紫放射源相匹配时，光子图像会呈现辐射星状。现场实践表明，当紫外光子呈现辐射星状时，光子数一般在一个较小的范围内浮动，光子数通常较为稳定。

（3）当仪器所选增益较大时，高增益会检测到放电时空气中大分子反射辐射出的多余光子。此时，会产生有很高的背景噪声。试验研究表明，当增益在 40%～80% 时，紫外光子数相对比较稳定，此时放电区域为辐射星状。

2.3.2　检测距离的影响

当检测距离增加时，其视场角将减小，相应地灵敏度也随之降低。

2.3.3　气压、温度的影响

气压和温度的变化会改变空气密度，影响电离过程，进而影响到紫外光子数的大小。当气压降低或温度升高，会使空气密度降低，空气分子间的平均距离增大，在电场作用下，由于自由行程增长，在电场中获得的能量增多，使空气易发生电离，因而起晕电场强度降低。相反，当气压升高或温度降低，起晕电场强度升高。

2.3.4　湿度的影响

湿度变化可能引起电晕强度增大，也可能降低。例如，绝缘子串湿润后，其表面电导会增加，电压分布变得更均匀，电晕强度可能降低。而大多数情况下，当湿度增加时，绝缘子表面污秽物中的可溶物质会更多地溶于水中，泄漏电流增加，更容易在绝缘子表面形成局部干区和发生沿面放电，进而引起电晕强度增长。

2.3.5　风力的影响

风速较大时，放电产生的带电粒子会随风加速散发，使紫外成像的模式产生变化。

2.4　现场实际操作

现场检测的实际步骤如下：

（1）开机后，增益设置为最大。根据光子数的饱和情况，逐渐调整增益。

（2）调节焦距，直至图像清晰度最佳。

（3）图像稳定后进行检测，对所测设备进行全面扫描，发现电晕放电部位进行精确检测。

（4）在同一方向或同一视场内观测电晕部位，选择检测的最佳位置，避免其他设备放电干扰。

（5）在安全距离允许范围内，在图像内容完整情况下，尽量靠近被测设备，使被测设备电晕放电在视场范围内最大化，记录此时紫外成像仪与电晕放电部位距离，紫外成像仪检测电晕放电量的结果与检测距离呈指数衰减关系，在测量后需要进行校正。

（6）在一定时间内，紫外成像仪检测电晕放电强度以多个相差不大的极大值的平均值为准，并同时记录电晕放电形态、具有代表性的动态视频过程、图片以及绝缘体表面电晕放电长度范围。若存在异常，应出具检测报告。

2.5 诊断方法

利用紫外成像图谱进行放电情况判断的方法主要有直接法、同类比较法以及档案分析法。

2.5.1 直接法

直接利用紫外成像仪检测结果对设备的电晕状况进行评价，一般仅用于严重故障的判断。

2.5.2 同类比较法

在同一回路的同类型设备或同一设备在相同运行工况下的同一部件之间，对检测结果作比较。具体做法就是利用紫外检测仪获得同类设备的对应部位电晕活动产生的光电子数量，然后进行纵向和横向比较，可以比较容易地判断出电晕放电是否正常。同类比较法适用范围比较广，在电力生产现场中各类型设备均有使用，运用也比较简单。

2.5.3 档案分析法

将测量结果与设备电晕活动档案记录的数据相比较后进行分析。其基础工作就是要建立设备电晕放电技术档案。在诊断设备电晕有无异常时,可分析该设备在不同时期的电晕检测结果,包括温度、湿度等分布等变化,以掌握设备电晕活动的变化趋势,然后进行判断。

导电体表面电晕放电主要有以下情况:

(1) 由于设计、制造、安装或检修等原因,形成的锐角或尖端。

(2) 由于制造、安装或检修等原因,形成表面粗糙。

(3) 运行中导线断股(或散股)。

(4) 均压、屏蔽措施不当。

(5) 在高电压下,导电体截面偏小。

(6) 悬浮金属物体产生的放电。

(7) 导电体对地或导电体间间隙偏小。

(8) 设备接地不良及其他情况。

绝缘体表面电晕放电有以下情况:

(1) 在潮湿情况下,绝缘子表面破损或裂纹。

(2) 在潮湿情况下,绝缘子表面污秽。

(3) 绝缘子表面不均匀覆冰。

(4) 绝缘子表面金属异物短接及其他情况。

输变电设备电晕放电典型图谱见表 2-1。

表 2-1　　　　　　　　　　输变电设备电晕放电典型图谱

序号	放电类型	可见光/紫外图像
1	支柱绝缘子出线位置电晕放电	

序号	放电类型	可见光/紫外图像	
2	单根细导线电晕放电		
3	支柱绝缘子端部均压环电晕放电		
4	线夹电晕放电		
5	导线断股电晕放电		

序号	放电类型	可见光/紫外图像
6	支柱绝缘子端部均压环偏小电晕放电	
7	瓷套底部尖端电晕放电	
8	隔离刀闸端部均压环电晕放电	
9	尖端电晕放电	

序号	放电类型	可见光/紫外图像
10	复合绝缘子未装均压环端部电晕放电	
11	均压环表面电晕放电	
12	均压环表面尖端电晕放电	
13	支柱绝缘子端部电晕放电	

序号	放电类型	可见光/紫外图像
14	电缆头分支引线交叉部位电晕放电	
15	导线表面尖端电晕放电	
16	绝缘子和导线电晕放电	
17	复合绝缘子芯棒护套开裂及在工频运行电压下电晕放电	

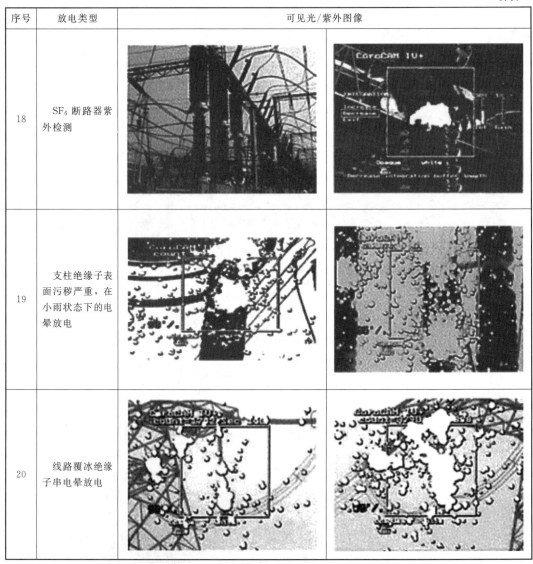

序号	放电类型	可见光/紫外图像
18	SF₆断路器紫外检测	
19	支柱绝缘子表面污秽严重，在小雨状态下的电晕放电	
20	线路覆冰绝缘子串电晕放电	

2.6 案例

2.6.1 案例概况

某 220kV 变电站于 1996 年投产，220kV 副母绝缘子为纯瓷材质，已运行 17 年。2013 年 4 月 2 日，检测人员在处理××变电站 220kV 副母有异常放电声响缺陷时，通过紫外成像仪检测排查，定位出异常放电声响的位置为副母靠主控室侧第一串绝缘子 C 相。该相绝缘子紫外放电量较 A、B 两相明显偏大,紫外放电粒子集中在绝缘子与导线连接部位。通过望远镜观测,该部位绝缘子表面有闪络痕迹。2013 年 9 月 3 日,结合××变电站停电检修机会,对此间隔的绝缘子串进行了更换,跟踪检测一段时间,目前紫外放电量恢复正常。

2.6.2 处理过程

1. 检测过程

检测人员在 220kV 副母靠主控室侧第一串绝缘子周围能明显听到强劲有力的放电声响。通过紫外成像仪检测,绝缘子 C 相紫外放电量较 A、B 两相明显偏大,存在放电现象。220kV 副母第一串绝缘子(靠主控室侧)紫外检测数据见表 2-2,图谱如图 2-4 所示。

表 2-2　　　　　　　　　　　紫 外 检 测 数 据

相别	放电量(光子数量)	检测角度	增益
A	11	正面	78%
B	50	正面	78%
C	116	正面	78%

(a)A相紫外放电图谱

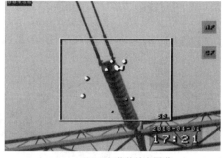
(b)B相紫外放电图谱

(c)C相紫外放电图谱

图 2-4　220kV 副母第一串绝缘子(靠主控室侧)紫外图谱

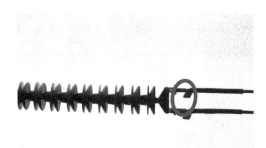

图 2-5 C相绝缘子放电异常的位置

通过数据对比可以看出，C相绝缘子放电量较其他两相明显偏高，放电量集中在绝缘子与导线连接部位，此部位的配件存在尖端，极易引起电场分布不均而放电。检测人员换个角度走到C相绝缘子正下方检测，发现与导线连接侧第一、第二片绝缘子之间有较大的放电量，其中C相绝缘子放电异常的位置如图2-5所示，C相第一片绝缘子和第二片绝缘子紫外放电图谱如图2-6所示，不同观测角度下的紫外检测数据见表2-3。

表 2-3 不同观测角度下的紫外检测数据

C 相	放电量（光子数量）	增益
角度 1	479	78%
角度 2	464	78%

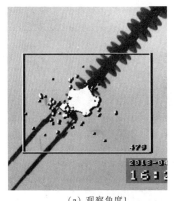
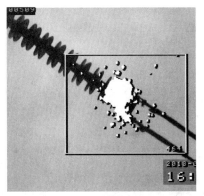

（a）观察角度1　　　　　　　　（b）观察角度2

图 2-6 C相第一片绝缘子和第二片绝缘子紫外放电图谱

通过望远镜观测，绝缘子表面污秽程度严重，有闪络的痕迹。结合现场所检测的紫外放电量异常偏大、紫外放电粒子集中，表明该部位存在放电间隙，从而引起220kV副母绝缘子放电异响。

2. 跟踪复查

2013年9月3日，结合××变电站停电检修机会，对此间隔的绝缘子串进行了更换，更换为复合型绝缘子，跟踪检测一段时间，目前紫外放电量恢复正常。××变电站现场设备及复测的紫外检测图谱如图2-7和图2-8所示。

3. 原因分析

观察拆下来的绝缘串，第一、第二片绝缘子之间有明显的贯穿放电通路，如图2-9所示。由于该地区为酸雨重灾区，设备长期处在重度污染的环境下，使绝缘子表面沉积污秽，在雾、雨、融冰等潮湿天气作用下，污秽层中可溶性导电物溶解、电离，使绝缘子表面电导加剧，泄漏电流增加，在电场的作用下逐步形成局部电弧，当电弧不断发展贯穿两极，完成闪络，形成放电通路。

图2-7 ××变电站现场设备

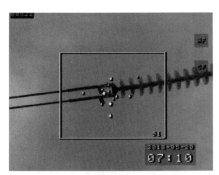

（a）观察角度1

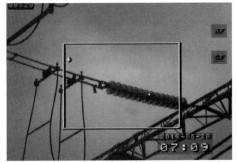

（b）观察角度2

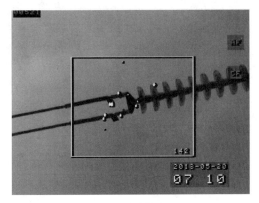

（c）观察角度3

图2-8 复测紫外检测图谱

（a）观察角度1

（b）观察角度2

图 2-9　绝缘子放电痕迹

第3章　开关柜暂态地电压局部放电检测

开关柜担负着线路控制、电压电流监测等多项任务，在电力系统中占有重要地位。由于装配工艺不到位或长期运行所产生的局部放电会逐渐导致绝缘劣化，进而可能引发绝缘击穿或闪络事故，因此及时发现开关柜局部放电缺陷，对保障开关柜安全稳定运行具有重要意义。

开关柜局部放电会产生电磁波，电磁波在金属壁形成集肤效应，并沿着金属表面进行传播，同时在金属表面产生暂态地电压，暂态地电压信号的大小与局部放电的严重程度及放电点的位置相关。利用专用的传感器对暂态地电压信号进行检测，从而判断开关柜内部的局部放电故障，也可根据暂态地电压信号到达不同传感器的时间差或幅值对比进行局部放电源定位，从而实现对开关柜局部放电检测。

3.1　专业术语

（1）局部放电：导体间绝缘仅部分桥接的电气放电。

（2）背景噪声：在局部放电试验中检测到的不是由试品产生的信号。

（3）暂态地电压：由于局部放电在电气设备接地外壳（包括接地线）中激励的频率在 $3\sim100\mathrm{MHz}$。

（4）暂态地电压局部放电检测仪：安装/放置在电力设备接地金属外壳，通过接触的方式耦合设备的暂态地信号，并对设备局部放电信息进行分析显示的带电检测检测仪器。

3.2　检测原理

根据麦克斯韦电磁场理论，局部放电会产生变化的电场，变化的电场会生成变化的磁场，变化的磁场又感应出电场，交替向外传递电磁波。由于开关柜面板不是完全连续的，当电磁波传播到不连续的位置，就会在表面产生一定的感应电流。受集肤效应的影响，电流波仅集中在金属柜体内表面传播，而不会直接穿透。由于设备表面存在波阻抗，进而在设备外层形成一个暂态地电压，简称 TEV。

暂态地电压信号的大小与局部放电的严重程度及放电点的位置相关。依据上述特征，通过特定的 TEV 传感器捕获暂态对地电压信号，即可实现对开关柜内部故障的检测，并可通过信号幅值或不同传感器检测到放电信号的时间差来实现对放电位置的定位。开关柜暂态地电压局部放电检测原理图如图 3-1 所示。

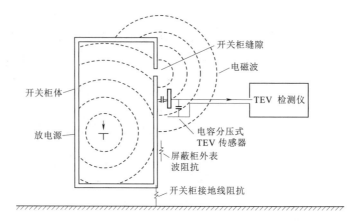

图 3-1　开关柜暂态地电压局部放电检测原理图

暂态地电压局部放电检测仪一般由传感器、数据采集单元、数据处理单元、显示单元、控制单元和电源管理单元组成。传感器完成暂态地电压信号—电信号的转换；数据采集单元将电信号进一步转换成数字信号，供数据处理单元使用；数据处理单元完成信号分析和仪器控制管理；显

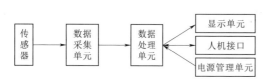

图 3-2　暂态地电压局部放电检测仪系统构成

示单元、人机接口完成人机交互；电源管理单元负责设备供电。暂态地电压局部放电检测仪系统构成如图 3-2 所示。

TEV 检测法具有的优点：①局部放电的电磁信号传播过程衰减较小，能够实现良好的检测灵敏度；②根据电磁脉冲信号的衰减和时差，可进行局部放电定位；③TEV传感器检测的有效频率高、频带范围宽；④对脉冲的变化速度比较敏感，比较合适介质内部放电。

3.3　检测影响因素

TEV 值的大小是衡量被检测设备是否出现内部放电故障的指标。TEV 值的大小受很多因素影响，如局放源信号、检测距离、检测背景、空气湿度、测量方法等。

3.3.1 局放源信号的影响

当局放源信号幅值一定时，上升沿时间越短，所检测到的 TEV 值越大。因此，TEV 检测对上升沿较短的高频信号比较敏感。另外，局放源信号幅值越大，在经历衰减后，到达开关柜表面的信号越强烈，所测数值也较大。

3.3.2 检测距离的影响

局部放电产生的电磁波信号在开关柜内传播的过程中会呈现出衰减特性，当测量位置离放电源的位置增加时，所测 TEV 的幅值会逐渐减小。

3.3.3 测量背景的影响

受现场运行环境的中照明及通风等设备的影响，背景噪声可能较大，所检测到 TEV 值也较大，但较大的 TEV 值并不一定是内部放电所引起的，主要参考测量值与背景值值得相对差值进行判断。

3.3.4 空气湿度的影响

随着空气湿度的增大，等效介电常数增大，检测信号也增大。因此，在实际检测时，检测结果应考虑相对空气湿度的影响。

3.3.5 测量方法的影响

测量中 TEV 传感器需紧密贴合在绝缘开缝处的金属面上并保持稳定。贴合存在缝隙以及所持仪器不稳定，均会造成测量结果偏离真实值。

3.4 现场实际操作

3.4.1 环境要求

（1）环境温度宜在 -10~40℃。

（2）环境相对湿度不高于 80%。

（3）禁止在雷电天气进行检测。

（4）室内检测应尽量避免气体放电灯、排风系统电机、手机、相机闪光灯等干扰源对检测的影响。

（5）通过暂态地电压局部放电检测仪器检测到的背景噪声幅值较小，不会掩盖可能存在的局部放电信号，不会对检测造成干扰，若测得背景噪声较大，可通过改变检测频段降低测得的背景噪声值。

3.4.2 待测设备要求

（1）开关柜处于带电状态。

（2）开关柜投入运行超过 30min。

（3）开关柜金属外壳清洁并可靠接地。

（4）开关柜上无其他外部作业。

（5）退出电容器、电抗器开关柜的自动电压控制系统（AVC）。

3.4.3 人员要求

进行开关柜暂态地电压局部放电带电检测的人员应具备以下条件：

（1）接受过暂态地电压局部放电带电检测培训，熟悉暂态地电压局部放电检测技术的基本原理、诊断分析方法，了解暂态地电压局部放电检测仪器的工作原理、技术参数和性能，掌握暂态地电压局部放电检测仪器的操作方法，具备现场检测能力。

（2）了解被测开关柜的结构特点、工作原理、运行状况和导致设备故障的基本因素。

（3）具有一定的现场工作经验，熟悉并能严格遵守电力生产和工作现场的相关安全管理规定。

（4）检测当日身体状况和精神状况良好。

3.4.4 安全要求

（1）应严格执行 Q/GDW 1799.1—2013《国家电网公司电力安全工作规程变电部分》的相关要求，填写变电站第二种工作票，检修人员填写变电站第二种工作票，运维人员使用维护作业卡。

（2）暂态地电压局部放电带电检测工作不得少于两人。工作负责人应由有检测经验的人员担任。开始检测前，工作负责人应向全体工作人员详细布置检测工作中的安全注意事项，应有专人监护，监护人在检测期间应始终履行监护职责，不得擅离岗位或兼职其他工作。

（3）雷雨天气禁止进行检测工作。

（4）检测时检测人员和检测仪器应与设备带电部位保持足够的安全距离。

（5）检测人员应避开设备泄压通道。

（6）在进行检测时，要防止误碰误动设备。

（7）测试时人体不能接触暂态地电压传感器，以免改变其对地电容。

（8）检测中应保持仪器使用的信号线完全展开，避免与电源线（若有）缠绕一起，收放信号线时禁止随意舞动，并避免信号线外皮受到刮蹭。

（9）在使用传感器进行检测时，应戴绝缘手套，避免手部直接接触传感器金属部件。

（10）检测现场出现异常情况（如异音、电压波动、系统接地等），应立即停止检测工作并撤离现场。

3.4.5 现场检测的实际步骤

（1）有条件情况下，关闭开关室内照明及通风设备，以避免对检测工作造成干扰。

（2）检查仪器完整性，按照仪器说明书连接检测仪器各部件，将检测仪器开机。

（3）开机后，运行检测软件，检查界面显示、模式切换是否正常稳定。

（4）进行仪器自检，确认暂态地电压传感器和检测通道工作正常。

（5）若具备该功能，设置变电站名称、开关柜名称、检测位置并做好标注。

（6）测试环境（空气和金属）中的背景值。一般情况下，测试金属背景值时可选择开关室内远离开关柜的金属门窗；测试空气背景时，可在开关室内远离开关柜的位置，放置一块 20cm×20cm 的金属板，将传感器贴紧金属板进行测试。

（7）每面开关柜的前面和后面均应设置测试点，具备条件时（例如一排开关柜的第一面和最后一面）在侧面设置测试点，暂态地电压局部放电检测推荐检测位置如图3-3所示。

（8）确认洁净后，施加适当压力将暂态地电压传感器紧贴于金属壳体外表面，检测时传感器应与开关柜壳体保持相对静止。人体不得接触暂态地电压传感器，应尽可能保持每次检测点的位置一致，以便于进行比较分析。

（9）在显示界面观察检测到的信号，待读数稳定后，如果发现信号无异常，幅值

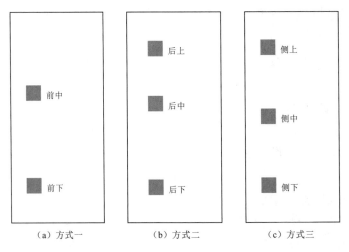

图 3-3　暂态地电压局部放电检测推荐检测位置

较低，则记录数据，继续下一点检测。

（10）如存在异常信号，则应在该开关柜进行多次、多点检测，查找信号最大点的位置，记录异常信号和检测位置。

（11）出具检测报告，对于存在异常的开关柜隔室，应附检测图片和缺陷分析。

3.5　诊断方法

3.5.1　分析方法

暂态地电压结果分析方法可采取纵向分析法和横向分析法。

1. 纵向分析法

纵向分析法是对同一开关柜不同时间的暂态地电压测试结果进行比较，从而判断开关柜的运行状况。需要电力工作人员周期性地对开关室内开关柜进行检测，并将每次检测的结果存档备份，以便于分析。

2. 横向分析法

横向分析法是对同一个开关室内同类开关柜的暂态地电压测试结果进行比较，从而判断开关柜的运行状况。当某一开关柜个体测试结果大于其他同类开关柜的测试结果和环境背景值时，推断该设备有存在缺陷的可能。

分析判断的指导原则如下：

（1）若开关柜检测结果与环境背景值的差值大于 20dBmV，需查明原因。

（2）若开关柜检测结果与历史数据的差值大于 20dBmV，需查明原因。

（3）若本开关柜检测结果与邻近开关柜检测结果的差值大于 20dBmV，需查明原因。

（4）必要时，进行局放定位、超声波检测等诊断性检测。

3.5.2　故障定位

定位技术主要根据暂态地电压信号到达传感器的时间来确定放电活动的位置，先被触发的传感器表明其距离放电点位置较近。

在开关柜的横向进行定位，当两个传感器同时触发时，说明放电位置在两个传感器的中线上。同理，在开关柜的纵向进行定位，同样确定一根中线，两根中线的交点就是局部放电的具体位置。在检测过程中需要注意以下问题：

（1）两个传感器触发不稳定。出现这种情况的原因：一是信号到达两个传感器的时间相差很小，超过了定位仪器的分辨率；二是由于两个传感器与放电点的距离大致相等造成的。可略微移动其中一个传感器，使得定位仪器能够分辨出哪个传感器先被触发。

（2）离测量位置较远处存在强烈的放电活动。由于信号高频分量的衰减，信号经过较长距离的传输后波形前沿发生畸变，且因为信号不同频率分量传播的速度略有不同，造成波形前沿进一步畸变，影响定位仪器判断。此外，强烈的噪声干扰也会导致定位仪器判断不稳定。

3.6　案例

3.6.1　案例一

某日，检测人员在在对某 110kV 变电站带电检测工作中发现 2 号主变 10kV 主变插头柜和 2 号主变 10kV Ⅲ 段开关柜后柜的 TEV 测量值均达到了仪器满量程值 60dB（背景值 10dB），同时超声检测值达到 28dB，检测情况如图 3-4 所示。

停电检查发现，C 相穿柜电流互感器与母排间的等电位线断裂。该穿芯电流互感器型号为 LMZB-12 型，由于安装位置处于主变插头和主变开关之间，它还起着类似穿柜套管的支撑和绝缘作用。电流互感器内壁通过一等电位线与母排连接，达到平衡电位的作用，防止运行中母排对电流互感器放电。

等电位线断裂后，母排与电流互感器之间的电位差导致局部放电的出现。从图

(a) 2号主变10kV主变插头TEV

(b) 2号主变10kVⅢ段开关TEV

(c) 超声检测

图 3-4　现场检测图

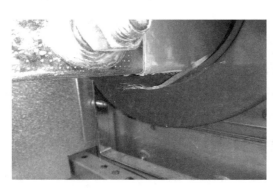

图 3-5　穿柜电流互感器与母排间的等电位线断裂

3-5 中可以看出，该等电位线已经发生断裂，电流互感器内壁出现了明显的放电痕迹。

3.6.2　案例二

某日，检测人员在对在某 220kV 变电站进行带电检测工作中发现 1 号主变 35kV 开关柜后柜 TEV 检测值明显增大，最大值达到了 58dB（背景值 16dB），超声信号最大值达到 20dB，远大于背景值与周围开关柜的值，现场检测情况如图 3-6 所示。

对 1 号主变 35kV 开关柜进行停电检查时，发现由于主变侧的 C 相穿柜套管等电位片（采用铜排弯曲方式接触）接触不可靠，从而导致放电，如图 3-7 所示。

3.6.3　案例三

某日，带电检测人员在某 220kV 变电站开关柜局放检测过程中，发现某线路压变柜 TEV 检测值达到 42dB（背景值 15dB），超声检测值正常，如图 3-8 所示。

将电压互感器熔丝手车拉出柜外后，检测结果正常。检查发现，B 相电压互感器熔丝存在熔断现象，无法量出熔丝阻值，运行中放电引起局放检测异常，如图 3-9 所示。

（a）1号主变35kV开关柜后柜TEV下　　　（b）1号主变35kV开关柜后柜TEV上　　　（c）背景测量

图 3-6　现场检测图 1

（a）主变侧的C相穿柜套管　　　　　　　　　　　（b）铜排

图 3-7　现场检测图 2

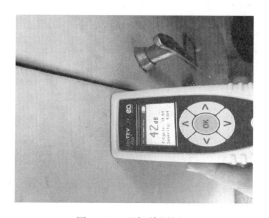

熔丝放电点

图 3-8　现场检测图 3　　　　　　　　　图 3-9　熔丝检测情况

第 4 章　超声波局部放电检测

　　超声波局部放电检测技术凭借其抗干扰能力及定位能力的优势，在众多的检测法中占有非常重要的地位。超声波法用于变压器局部放电检测最早始于 20 世纪 40 年代，但因为灵敏度低，易于受到外界干扰等原因一直没有得到广泛的应用。直到 80 年代，随着微电子技术和信号处理技术的飞速发展，由于电压传感器换能元件效率的提高和低噪声的集成元件放大器的应用，超声波法的灵敏度和抗干扰能力得到了很大提高，其在实际中的应用才重新得到重视。

　　挪威电科院的 L. E. Lundgaard. 从 20 世纪 70 年代末开始研究局部放电的超声检测法，并于 1992 年发表了超声检测局部放电的基本理论及其在变压器、电容器、电缆、户外绝缘子、空气绝缘断路器中的应用情况。随后，美国西屋公司的 Ron Harrold 对大电容的局部放电超声检测进行了研究，并初步探索了超声波检测的幅值与脉冲电流法测量视在放电量之间的关系。2000 年，澳大利亚的西门子研究机构使用超声波和射频电磁波联合检测技术监测变压器中的局部放电活动。2002 年，法国 ALSTOM 输配电局的研究人员对变压器中的典型局部放电超声波信号的传播与衰减进行了比较研究。2005 年，德国 Ekard Grossman 和 Kurt Feser 发表了基于优化的声发射技术的油纸绝缘设备的局部放电在线测试方法，通过使用二维傅里叶变换对信号进行处理，超声波局部放电检测可达 10pC 的检测灵敏度。

　　经过几十年的发展，目前超声波局部放电检测已经成为局部放电检测的主要方法之一，特别是在带电检测定位方面。该方法具有可以避免电磁干扰的影响、可以方便地定位以及应用范围广泛等优点。

4.1　专业术语

　　(1) 局部放电的超声波检测：指对因局部放电而产生的频率介于 20～200kHz 区间的声信号进行采集、分析、判断的一种检测方法。

　　(2) 超声波：指信号频率为高于 20kHz 的声波。

　　(3) 局部放电信号 50Hz 相关性：指局部放电在一个电源周期内只发生一次放电

的概率。概率越大，50Hz 相关性越强。

（4）局部放电信号 100Hz 相关性：指局部放电在一个电源周期内发生 2 次放电的概率。概率越大，100Hz 相关性越强。

（5）dB：表明局部放电信号强度的一种形式，采用信号幅值与基准值的比值的对数来表征，0dB 表示信号幅值与采用的基准值相等。

（6）dB mV：特指基于 1mV 的被测信号的（分贝）幅值，例如某一信号的实际幅值为 15mV，则其分贝值为 $20 \times \log[15(mV)/1(mV)] = 23.5dB$。

4.2 检测原理

超声波与声波一样，是物体机械振动状态的传播形式。超声波信号有横波、纵波和表面波三种传播形式，在 SF_6 气体中只有纵波可以传播，而在带电导体、绝缘子和金属外壳等固体中传播的除纵波外还有横波。纵波在气体、固体中衰减很大，横波在固体中衰减较小。

在传播过程中，由介质吸收效应导致的高频分量衰减、不同介质传播速率的差异及边界处产生的折射、反射，都会对接收到的脉冲信号产生影响。因此检测的有效性和灵敏性不仅取决于局部放电的类型和能量大小，还取决于信号在不同介质的传播特性和具体的传播路径。

AE（超声波）检测法，主要是检测放电源产生的压力声波，首先以纵波的方式传播到 GIS 外壳，然后以横波的方式传送到 AE 传感器；其检测过程会受到环境噪声的干扰而不会受到电气干扰，其在 SF_6 介质中衰减速度较大，约为 26dB/m，利用这一衰减特性恰好能在较小的范围内对缺陷进行精确定位。

4.2.1 声波的运动

声音以机械波的形式在介质中传播，也就是对介质的局部干扰的传播。对于液体而言，局部干扰造成介质的压缩和膨胀，压力的局部变化会造成介质密度的局部变化和分子的位移，此过程被称为粒子位移。

在物理学中，对于声波的运动有着更为正式的描述，即

$$\nabla^2 p = \frac{1}{c^2} \frac{\partial^2 p}{\partial t^2} \tag{4-1}$$

式中：p 为压强；c 为声速；t 为时间。此描述声波运动的通用微分方程是由描述连续性、动量守恒和介质弹性的三个基本方程联立而得。

4.2.2 声波的阻抗和强度

声在气体中的传播速度是由状态方程决定的；对于液体，速度是由该液体的弹性决定的；对于固体，则是由胡克定律决定的。图 4-1 显示了作用在一小滴液体上的力。合成作用力使该颗粒以速度 v 移动。对于平面波，声的压强 $\vec{p}$ 和颗粒的速度 $\vec{v}$ 的比值被称为声阻抗 $\vec{Z}$，即

$$\vec{Z} = \frac{\vec{p}}{\vec{v}} \tag{4-2}$$

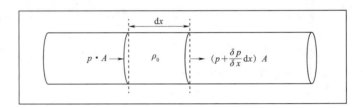

图 4-1　作用于柱形声学颗粒（声线）上的力

声阻抗和电阻抗类似，并且当压强和速度异相时也可以是复数。但是，对于平面波，声阻抗是标量（$Z = p_0 c$），并被称为介质特征阻抗。

声波强度（单位时间内通过介质的声波能量，单位为 W/m^2）是一个非常重要的物理量。声波强度可以用峰值压强 P、峰值速度 V 的多种表达式表示，其中有

$$I = \overline{vp} = \frac{P}{2\rho_0 c} = \frac{V\rho_0 c}{2} \tag{4-3}$$

式中：ρ_0 为平衡密度；c 为声速。

在实际应用中，声波强度也常用分贝（dB）来度量。

4.2.3 声波的反射、折射与衍射

当声波穿透物体时，其强度会随着与声源距离的增加而衰减。导致这个现象的因素包括声波的几何空间传播过程、声波的吸收（声波机械能转为内能的过程）以及波阵面的散射。这些现象都导致了声波的强度随着与声源间距离的不断增大而不断减小。

在无损的介质中，球面波强度与球面波阵面的面积成反比，圆柱波强度与相对于声源的距离成反比，这样的衰减称为空间衰减。因为，此类衰减仅与波形传播的空间几何参数有关。图 4-2 中描述的就是平面波、圆柱波及球形波在传播过程的几何空

间衰减情况。

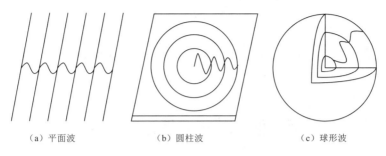

（a）平面波   （b）圆柱波   （c）球形波

图 4-2 不同波阵面类型对应的不同衰减情况

当声波从一种媒介传播到另一种具有不同密度或弹性的媒介时，就会发生反射和折射现象，从而导致能量的衰减，如图 4-3 所示。在平面波垂直入射的情况下，描述衰减的传播系数为

$$\alpha_{\text{transmission}} = \frac{I_t}{I_i} = \frac{4Z_1Z_2}{(Z_1+Z_2)^2} \qquad (4-4)$$

式中：Z_1、Z_2 为两种介质的阻抗值。

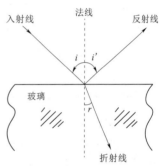

图 4-3 声波的折射与反射

显然，当两种媒介声阻抗相差很大时，只有小部分垂直入射波可以穿过界面，其余全部被反射回原来的媒介中。在油和钢铁的分界面上，压力波的传播系数是 0.01；在空气和钢铁的分界面上，传播系数为 0.0016。

当波以一定角度倾斜入射时，就会产生折射现象。Snell 定律很好地定量地描述了折射现象，即

$$\sin\frac{\varphi_t}{c_t} = \sin\frac{\varphi_i}{c_i} \qquad (4-5)$$

式中：φ_t、φ_i 为不同入射角角度；c_t、c_i 为不同介质中声波速度。

如果 $c_i > c_t$ 并且入射波角度大于 $\arcsin\frac{c_i}{c_t}$，就会发生全反射。

与其他所有的波一样，声波在遇到拐角或障碍物时也会发生衍射现象。当波长与障碍物尺寸相差不大或远大于障碍物尺寸时，衍射效果非常明显；但是当波长远小于障碍物尺寸时，则几乎不会发生衍射现象。

4.2.4 声波在气体中的吸收衰减

大部分气体对声波的吸收作用非常小，但是对于在某些条件下的某些气体，例如，SF_6 和 CO_2 的吸收作用对于能量的衰减意义重大。吸收作用与频率的平方成正比，并与静压力成反比。在空气中，吸收作用主要由空气的湿度来决定，计算吸收作

用的通用公式（不考虑松弛损耗）为

$$\alpha_{\text{pressure}}=\frac{16\pi^2f^2\eta}{2\rho_0c^3}+\frac{\gamma-1}{\gamma}\frac{4\pi^2f^2M\kappa}{\rho_0c^3C_v}=Af^2 \qquad (4-6)$$

式中：η 为黏滞系数；c 为相速度；ρ_0 为平衡密度，γ 为两种介质在常压、确定体积下的摩尔比热的比值；M 为每摩尔的体积；κ 为导热系数。

4.2.5 超声波局部放电检测基本原理

电力设备内部产生局部放电信号的时候，会产生冲击的振动及声音。超声波法通过在设备腔体外壁上安装超声波传感器来测量局部放电信号。该方法的特点是传感器与电力设备的电气回路无任何联系，不受电气方面的干扰，但在现场使用时易受周围环境噪声或设备机械振动的影响。由于超声信号在电力设备常用绝缘材料中的衰减较大，超声波检测法的灵敏度和范围有限，但具有定位准确度高的优点。

声波在气体和液体中传播的是纵波，纵波主要是靠振动方向平行于波传播方向上的分子撞击传递压力。而声波在固体中传播的，除了纵波之外还有横波。发生横波时，质点的振动方向垂直于波的传播方向，这需要质点间有足够的引力，质点振动才能带动邻近的质点跟着振动，所以只有在固体或浓度很大的液体中才会出现横波。当纵波通过气体或液体传播到达金属外壳时，将会出现横波在金属体中继续传播，如图4-4所示。

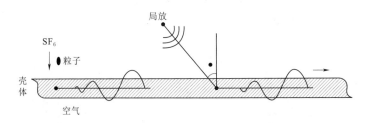

图 4-4 声波的传播路径

不同类型、不同频率的声波，在不同的温度下，通过不同媒质时的速率不同。纵波要比横波快约1倍，频率越高传播速度越快，在矿物油中声波传播速度随温度的升高而下降。在气体中声波传播速率相对较慢，在固体中声波传播要快得多。表4-1列出了纵波在20℃时不同媒质中的传播速度。

声波的强弱可以用声压和声强等参数来表示。声压是单位面积上所受的压力；声强是单位时间内通过与波的传播方向垂直的单位面积上的能量。声强与声压的平方成正比，与声阻抗成反比。

声波在媒质中传播会产生衰减，造成衰减的原因有很多，如波的扩散、反射和热

表 4 - 1　　　　　　　　20℃ 时纵波在不同媒质中的传播速度

媒质	速度/(m/s)	媒质	速度/(m/s)	媒质	速度/(m/s)
空气	330	油纸	1420	铝	6400
SF_6	140	聚四氟乙烯	1350	钢	6000
矿物油	1400	聚乙烯	2000	铜	4700
瓷料	5600~6200	聚苯乙烯	2320	铸铁	3500~5600
天然橡胶	1546	环氧树脂	2400~2900	不锈钢	5660~7390

传导等。在气体和液体中，波的扩散是衰减的主要原因；在固体中，分子的撞击把声能转变为热能散失是衰减的主要原因。理论上，若媒介本身是均匀无损耗的，则声压与声源的距离成反比，声强与声源的距离的平方成反比。声波在复合媒质中传播时，在不同媒质的界面上，会产生反射，使穿透过的声波变弱。当声波从一种媒质传播到声特性阻抗不匹配的另一种媒质时，会有很大的界面衰减。两种媒质的声特性阻抗相差越大，造成的衰减就越大。声波在传播中的衰减，还与声波的频率有关，频率越高衰减越大。在空气中声波的衰减约正比于频率的 2 次方 f^2 和频率的 2 次方与 1 次方的差 f^2-f；在液体中声波的衰减约正比于频率的 2 次方 f^2；而在固体中声波的衰减约正比于频率 f。表 4 - 2 给出了纵波在不同材料中传播时的衰减情况。

表 4 - 2　　　　　　　　纵波在几种材料中传播时的衰减

材料	频率/Hz	温度/℃	衰减	材料	频率/Hz	温度/℃	衰减
空气	50×10^3	20~28	0.98	有机玻璃	2.5×10^6	25	250.0
SF_6	40×10^3	20~28	26.0	聚苯乙烯	2.5×10^6	25	100.0
铝	10×10^6	25	9.0	氯丁橡胶	2.5×10^6	25	1000.0
钢	10×10^6	25	21.5				

　　声波的传播速率与声波的衰减特性在超声波局部放电定位应用中起到了重要的理论支持。通过提取超声波信号到达不同传感器的时间差（Time Difference of Arrival，TDOA），利用其传播速率即可实现对放电源的二维或三维定位，通过对比两路或多路超声波检测信号的强度大小，即可实现对放电源的幅值定位。

4.2.6　超声波检测装置

　　典型的超声波局部放电检测装置一般可分为硬件系统和软件系统两大部分。硬件系统用于检测超声波信号，软件系统对所测得的数据进行分析和特征提取并做出诊断。硬件系统通常包括超声波传感器、信号处理与数据采集系统，如图 4 - 5 所示；

软件系统包括人机交互界面与数据分析处理模块等。此外，根据现场检测需要，还可配备信号传导杆、耳机等配件，其中信号传导杆主要用于开展电缆终端等设备局部放电检测时，为保障检测人员安全，将超声波传感器固定在被测设备表面；耳机则用于开关柜局部放电检测时，通过可听的声音来确认是否有放电信号存在。

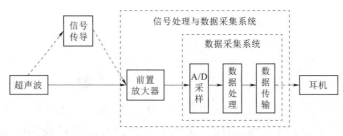

图 4-5　超声波局部放电组成框图

1. 硬件系统

（1）超声波传感器。电气设备发生局部放电时分子间剧烈碰撞并在宏观上瞬间形成一种压力，产生超声波脉冲，信号波长较短，方向性较强，因此它的能量较为集中。将基于谐振原理的声发射传感器置于设备外壳上检测这一脉冲信号，超声波检测局部放电的探头为电压传感器，当超声波传播至传感器时，传感器首先根据压电原理将振动信号转化成电信号，然后经过前置放大、滤波、放大、检波等处理环节，根据实际的需要可以得到信号的波形、达到时间等信息，最后通过信号分析以确定设备的绝缘状况。

目前人们还无法制造上述这种理想的传感器，现在应用的传感器大部分由压电元件组成，压电元件通常采用锆钛酸铅、钛酸铅、钛酸钡等多晶体和铌酸锂、碘酸锂等单晶体，其中，锆钛酸铅（PZT-5）接收灵敏度高，是声发射传感器常用压电材料。

电力设备局部放电检测用超声波传感器通常可分为接触式传感器和非接触式传感器，如图 4-6 所示。接触式传感器一般通过超声耦合剂贴合在电力设备外壳上，检测外壳上传播的超声波信号；非接触式传感器则是直接检测空气中的超声波信号，其原理与接触式传感器基本一致。传感器的特性包括频响宽度、谐振频率、幅度灵敏度、工作温度等。

1）频响宽度。频响宽度即为传感器检测过程中采集的信号频率范围，不同的传感器其频响宽度也有所不同，接触式传感器的频响宽度大于非接触式传感器。在实际检测中，典型的 GIS 用超声波传感器的频响宽度一般为 $20\sim80\mathrm{kHz}$，变压器用传感器的频响宽度一般为 $80\sim200\mathrm{kHz}$，开关柜用传感器的频响宽度一般为 $35\sim45\mathrm{kHz}$。

2）谐振频率。谐振频率也称为中心频率，当加到传感器两端的信号频率与晶片的谐振频率相等时，传感器输出的能量最大，灵敏度也最高。不同的电力设备发生局

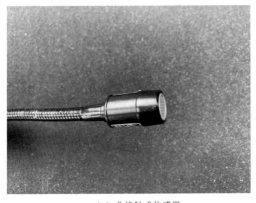
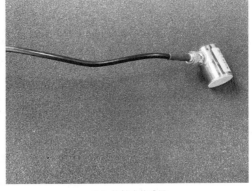

（a）非接触式传感器　　　　　　　　　（b）接触式传感器

图 4 - 6　超声波传感器实物图

部放电时，由于其放电机理、绝缘介质以及内部结构的不同，产生的超声波信号的频率成分也不同，因此对应的传感器谐振频率也有一定的差别。

3）幅度灵敏度。灵敏度是衡量传感器对于较小信号的采集能力，随着频率逐渐偏移谐振频率，灵敏度也逐渐降低，因此选择适当的谐振频率是保证较高的灵敏度的前提。

4）工作温度。工作温度是指传感器能够有效采集信号的温度范围。由于超声波传感器所采用的压电材料的居里点一般较高，因此其工作温度比较低，可以较长时间工作而不会失效，但一般要避免在过高的温度下使用。

（2）信号处理与数据采集系统。信号处理与数据采集系统一般包括前端的模拟信号放大调理电路、高速 A/D 采样、数据处理电路以及数据传输模块。由于超声波信号衰减速率较快，在前端对其进行就地放大是有必要的，且放大调理电路应尽可能靠近传感器。A/D 采样将模拟信号转换为数字信号，并送入数据处理电路进行分析和处理。数据传输模块用于将处理后的数据显示出来或传入耳机等供检测人员进行观察。

数据采集系统应具有足够的采样速率和信号传输速率。高速的采样速率保证传感器采集到的信号能够被完整地转换为数字信号，而不会发生混叠或失真；稳定的信号传输速率使得采样后的数字信号能够流畅地展现给检测人员，并且具有较快的刷新速率，使得检测过程中不致遗漏异常的信号。

2. 软件系统

（1）人机交互界面。人机交互界面是指检测装置将其采集处理后的数据展现给检测人员的平台，一般可分为两种：一种是通过操作系统编写特定的软件，在检测装置运行过程中通过软件中的不同功能将各种分析数据显示出来，供检测人员进行分析，变压器与 GIS 的超声波局部放电检测装置通常为这种形式；另一种是将传感器检测到的信号参数以直观的形式显示出来，如开关柜的超声波局部放电检测通常可通过记录信号幅值和听放电声音的方式来完成。

（2）数据的分析处理模块。超声波局部放电检测装置通过对其采集的信号进行分析和处理，利用人机交互界面将检测中的各种参数展现给检测人员。常用的检测模式包括连续模式、脉冲模式、相位模式、特征指数模式以及时域波形模式等，检测的参数包括信号在一个工频周期内的有效值、周期峰值、被测信号与50Hz、100Hz的频率相关性（即50Hz频率成分、100Hz频率成分）、信号的特征指数以及时域波形等。在利用超声波局部放电检测方法检测开关柜时，检测装置通过混频处理，将超声波信号转为人耳能够听到的声音。由于检测过程中存在一定的干扰源，检测装置显示的超声波强度可能会比较大，但是只要没有在装置中听到异常的声音，即可初步认定开关柜无放电现象。

此外，超声波局部放电检测装置均配有数据存储功能，在检测背景噪声信号以及可疑的异常信号时，可以对数据进行存储，以便进行对比和分析。

（3）缺陷类型识别。由于超声波信号传播具有较强的方向性特点，因此超声波局部放电检测被广泛应用于缺陷的精确定位，而其在缺陷类型的识别方面却鲜有突破。目前，常用的超声波局部放电检测装置对于缺陷类型的识别主要依靠检测人员对检测参数进行分析后加以判断。

4.3 检测注意事项

（1）注意检测仪器状态良好。

（2）不同的电力设备选择合适的传感器。

（3）合理使用超声硅脂，超声波信号大部分在超声波频段范围，在不同介质（如金属与非金属、固体与气体）的交界面，信号会有明显衰减。使用接触式超声波检测仪器时，在传感器的检测面上涂抹适量的超声耦合剂后，检测时传感器可与壳体接触良好，无气泡或空隙，从而减少信号损失，提高灵敏度。

（4）检测时宜使用传感器固定装置，避免操作者人为因素的影响。

（5）选择合适的检测时间，注意外部干扰源。现场干扰将降低局部放电检测的灵敏度，甚至导致误报警和诊断错误。因此，局部放电检测装置应能将干扰抑制到可以接受的水平。

（6）提高检出概率，建议使用信号时间分辨率与电源周波频率相当的超声波信号的时域波形的检测设备，并记录连续多工频内的时域波形。

（7）检测时，应做好检测数据和环境情况的记录或存储，如数据、波形、工况、测点位置等。

（8）每年检测部位应为同一点，除非有异常信号，定位出最大点后，改为最大点的部位检测。

（9）检测者宜熟悉待测设备的内部结构。

4.4　现场实际操作

超声波局部放电带电检测的流程如图4-7所示。

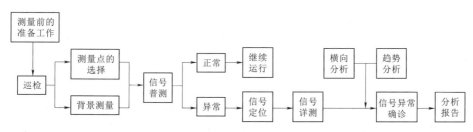

图4-7　超声波局部放电带电检测的流程

4.4.1　准备工作

（1）了解现场试验条件，落实试验所需配合工作。

（2）组织作业人员学习作业指导书，使全体作业人员熟悉作业内容、作业标准、安全注意事项。

（3）了解被试设备出厂和历史试验数据，分析设备状况。

（4）准备试验用仪器仪表，所用仪器仪表良好，有校验要求的仪表应在校验周期内。

（5）检查测试仪器电池电量是否足够，满足测试所需。

4.4.2　检测点的选择

根据不同电力设备的内部结构，确定各个检测点。由于超声波信号衰减较快，因此在检测时，两个检测点之间的距离不应大于1m。对于GIS设备，通常应选择的测试点有：①盆式绝缘子两侧，特别似乎水平布置的盆式绝缘子；②隔室下方，如存在异常信号，应在该隔室进行多点检测，查找信号最大点；③断路器断口处、隔离开关、接地开关、电流互感器、电压互感器、避雷器、导体连接部件等处。对于变压器设备，超声波局部放电检测通常用于进行放电源定位，因此可在变压器外壳上选择合适的检测点。对于开关柜设备，通常宜选用非接触式超声波传感器对柜体缝隙进行检测，并辅以接触式超声波传感器对柜体外壳进行检测。

4.4.3 背景的检测

检测现场空间干扰小时，将传感器置于空气中，仪器所测得的数值即为背景值；检测现场空间干扰较大时，将传感器置于待测设备基座上，仪器所测得的数值即为背景值；而在信号确诊和准确定位时，宜将传感器置于临近的正常设备上，仪器所测得的数值即为背景值。

4.4.4 信号普测

手持超声波传感器，平稳地放在设备外壳的各检测点上，待信号稳定后，观察信号时间 10s 以上。建议为专人操作。检测中要避免传感器的抖动，避免测试人员的衣物、信号电缆和其他物体与待测电力设备的外壳接触或摩擦。

4.4.5 信号定位

超声波法局部放电定位有幅值定位和时差定位两种。幅值定位是根据超声信号的衰减特性，利用峰值或有效值的大小定位，一般离信号源越近，信号越大；时差定位是根据超声波信号达到传感器的时差，通过联立球面方程或双曲面方程组计算空间坐标，进行精确定位，精度可达 10cm。在实际应用中，可采用幅值方法进行初步定位，随后根据现场需要决定是否需要进一步的精确定位。此外，由于设备内部的结构不同，超声波信号传播存在一定的复杂性，也可采取声电联合等定位方法。

4.4.6 信号详测

在发现有可疑超声波信号的部位后，应进行定位后对该部位进行详细检测，此工作必须使用传感器固定装置（如磁铁固定座、固定座和绑扎带等），进行综合分析，必要时增加测点检测。应记录并存储信号时间分辨率与电源周波频率相当的超声波信号的时域波形，以便于准确分析。记录还应包括设备工况、环境条件等内容。

4.4.7 信号异常处理与分析

在电力设备检测到超声波局部放电信号异常时，应进行短期的在线监测或其他方法的检测，如特高频检测、绝缘介质的电/热分解的成分分析、温度检测等手段，并加以综合分析。

超声波异常信号分析宜采用典型波形比较法、横向分析法和趋势分析法。典型波形比较法是综合考虑现场干扰因素后，获得真正代表目标内部异常的超声波信号与典型波形图库进行比较；横向分析法即为目标部位的信号和相邻区域信号或另相相同部位信号进行比较，确定是否有明显异常信号；趋势分析法为目标部位的信号与历史数据相比较是否有明确的增长发展趋势。异常信号分析时应综合考虑工况因素的影响。

4.4.8 分析报告

分析报告主要应包括电力设备详细名称、电力设备工况、检测详细位置、使用检测设备名称、检测者、检测时间、检测数据、数据分析情况、建议与结论等内容。

4.5 诊断方法

局部放电是很复杂的物理现象，用单一表征参数很难全面描述，所以在诊断中应尽量对各种放电谱图进行全面分析，以减少误判。局部放电缺陷诊断的主要依据是信号水平、频率相关性、相位分布和特征指数，同时也可以参考时域波形。

4.5.1 正常判断依据

根据背景和检测点所测超声波信号的周期峰值、有效值、50Hz相关性、100Hz相关性、相位分布、特征指数分布及时域波形的差异，满足表4-3的所有标准即为正常，任何一项参数不满足均可判定为异常。背景信号通常由频率均匀分布的白噪声构成，表4-4列出了不同检测模式下背景信号的典型谱图与特征。

4.5.2 有明显缺陷的判断依据

根据背景和检测点所测超声波信号的周期峰值、有效值、50Hz相关性、100Hz

表 4-3 超声波局部放电正常的判定标准

判断依据	背　　景	测试数据
周期峰值/有效值	M 值	$\Delta M < 10\%$
50Hz 相关性	无	无
100Hz 相关性	无	无
相位分布	无规律	无规律
特征指数分布	无规律，特征指数未聚集在整数	无规律，特征指数未聚集在整数
时域波形（是否有异常脉冲）	无	无

表 4-4 不同检测模式下背景信号的典型谱图与特征

检测模式	连续检测模式	相位检测模式	时域波形检测模式	特征指数检测模式
典型谱图	有效值　0.28/0.28　2mV 周期峰值　0.88/0.88　5mV 频率成分 10/0　0.5mV 频率成分 20/0　0.5mV			
谱图特征	（1）仅有幅值较小的有效值及周期峰值； （2）频率成分 1、频率成分 2 几乎为 0	无明显相位特征，脉冲相位分布均匀，无聚集效应	信号均匀，未见高幅值脉冲	无明显规律，峰值未聚集在整数特征值

相关性、相位分布、特征指数及时域波形的差异，几种不同缺陷类型的判断标准见表 4-5。

表 4-5 超声波局部放电缺陷类型的判定标准

参数		悬浮电位缺陷	电晕缺陷	自由金属颗粒缺陷
连续检测模式	有效值	高	较高	高
	周期峰值	高	较高	高
	50Hz 频率相关性	有	有	弱
	100Hz 频率相关性	有	弱	弱
相位检测模式		有规律，一周波两簇信号，且幅值相当	有规律，一周波一簇大信号，一簇小信号	无规律
时域波形检测模式		有规律，存在周期性脉冲信号	有规律，存在周期性脉冲信号	有一定规律，存在周期不等的脉冲信号
脉冲检测模式		无规律	无规律	有规律，三角驼峰形状
特征指数检测模式		有规律，波峰位于整数特征处，且特征指数 1 大于特征指数 2	有规律，波峰位于整数特征值处，且特征指数 2 大于特征指数 1	无规律，波峰位于整数特征值处，且特征指数 2 大于特征指数 1

4.5.3 疑似缺陷判断依据

超声波局部放电疑似缺陷的判定标准见表4-6。在检测过程中，如果观察到一些间歇性的没有规律的异常信号，即可以判断为疑似缺陷。

表4-6 超声波局部放电疑似缺陷的判定标准

判断依据	背　　景	测试数据
周期峰值/有效值	M 值	间歇性闪烁
50Hz 相关性	无	无或间歇性闪烁
100Hz 相关性	无	无或间歇性闪烁
时域波形（是否有异常脉冲）	无	偶尔有异常
相位	无	无或有
特征指数	无规律，特征指数未聚集在整数	整数特征指数有尖峰，但不明显

4.6 超声波局部放电类型

超声波局部放电检测技术可以应用于 GIS、开关柜、变压器及电缆终端等多种电气设备。不同的设备导致局部放电的原因不一样，在缺陷诊断中具有各自的依据和特点。目前超声波法在 GIS 设备缺陷诊断中应用最为广泛，其诊断的标准也比较完善；而在开关柜、电缆和变压器的应用中，缺陷诊断工作相对较少。本节主要介绍 GIS 设备典型缺陷诊断的依据和标准。

4.6.1 电晕缺陷

当被测设备存在金属尖刺时，在高压电场作用下会产生电晕放电信号。电晕放电信号的产生与施加在其两端的电压幅值具有明显关联性，在放电谱图中则表现出典型的50Hz 相关性及100Hz 相关性，即存在明显的相位聚集效应。但是，由于电晕放电具有较明显极化效应，其正、负半周内的放电起始电压存在一定差异。因此，电晕放电的50Hz 相关性往往较100Hz 相关性要大。此外，在特征指数检测模式下，放电次数累积谱图波峰位于整数特征值2处。电晕缺陷超声波检测典型图谱见表4-7。

表 4 - 7　　　　　　　　　　　　电晕缺陷超声波检测典型图谱

检测模式	连续检测模式	相位检测模式	时域波形检测模式	特征指数检测模式
典型谱图	有效值 0.34/0.65 2mV 周期峰值 0.88/1.42 5mV 频率成分10/0.17 0.5mV 频率成分20/0.13 0.5mV			
谱图特征	（1）有效值及周期峰值较背景值明显偏大； （2）频率成分1、频率成分2特征明显，且频率成分1大于频率成分2	具有明显的相位聚集相应，但在一个工频周期内表现为一簇，即"单峰"	有规则脉冲信号，一个工频周期内出现一簇。（或一簇幅值明显较大，一簇明显较小）	有明显规律，峰值聚集在整数特征值处，且特征值2大于特征值1

4.6.2　悬浮电位缺陷

当被测设备存在悬浮电位缺陷时，在高压电场作用下会产生局部放电信号。局部放电信号的产生与施加在其两端的电压幅值具有明显关联性，在放电谱图中则表现出典型的50Hz相关性及100Hz相关性，即存在明显的相位聚集效应，且100Hz相关性大于50Hz相关性。此外，在特征指数检测模式下，放电次数累积谱图波峰位于整数特征值1处。表4-8为悬浮电位缺陷超声波检测典型图谱。

表 4 - 8　　　　　　　　　　　　悬浮电位缺陷超声波检测典型图谱

检测模式	连续检测模式	相位检测模式	时域波形检测模式	特征指数检测模式
典型谱图	有效值 0.39/1.41 2mV 周期峰值 0.93/4.03 5mV 频率成分10/0.2 0.5mV 频率成分20/0.3 0.5mV			
谱图特征	（1）有效值及周期峰值较背景值明显偏大； （2）频率成分1、频率成分2特征明显，且频率成分1大于频率成分2	具有明显的相位聚集相应，在一个工频周期内表现为两簇，即"双峰"	有规则脉冲信号，一个工频周期内出现两簇，两簇大小相当	有明显规律，峰值聚集在整数特征值处，且特征值1大于特征值2

4.6.3　自由金属颗粒缺陷

当被测设备内部存在自由金属微粒缺陷时，在高压电场作用下，金属微粒因携带电荷会受到电动力的作用,当电动力大于重力时,金属微粒即会在设备内部移动或跳动。但是,与悬浮电位缺陷、电晕缺陷不同,自由金属微粒产生的超声波信号主要由运动过程中与设备外壳的碰撞引起,而与放电关联较小。由于金属微粒与外壳的碰撞取决于金属微粒的跳跃高度,其碰撞时间具有一定随机性,因此在开展局部放电超声波检测时,该类缺陷的相位特征不是很明显,即50Hz、100Hz频率成分较小,但是,由于自由金属微粒通过直接碰撞产生超声波信号,因此其信号有效值及周期峰值往往较大。此外,在时域波形检测模式下,检测谱图中可见明显脉冲信号,但信号的周期性不明显。表4-9为自由金属颗粒缺陷超声波检测典型图谱。虽然自由金属微粒缺陷无明显相位聚集效应。但是,当统计自由金属微粒与设备外壳的碰撞次数与时间的关系时,却可发现明显的谱图特征。该谱图定义为"飞行图",通过部分局部放电超声波检测仪提供的"脉冲检测模式"即可观察自由金属微粒与外壳碰撞的"飞行图",进而判断设备内部是否存在自由金属微粒缺陷。图4-8为自由金属微粒缺陷的超声波检测飞行图,由图可见其有明显的"三角驼峰"形状特点。

表4-9　　　　　　　　　　　自由金属颗粒缺陷超声波检测典型图谱

检测模式	连续检测模式	相位检测模式	时域波形检测模式	特征指数检测模式
典型谱图	有效值 0.39/1.68 6mV　周期峰值 0.75/2.92 15mV　频率成分10/0 1.5mV　频率成分20/0.01 1.5mV			
谱图特征	(1)有效值及周期峰值较背景值明显偏大; (2)频率成分1、频率成分2特征不明显	无明显的相位聚集相应,但可发现脉冲幅值较大	有明显脉冲信号,但该脉冲信号与工频电压的关联性小,其出现具有一定随机性	无明显规律,峰值未聚集在整数特征值

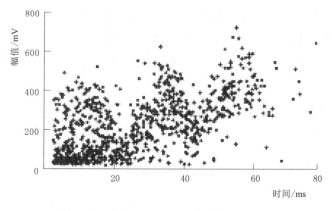

图4-8　自由金属颗粒超声波检测飞行图

4.7 案例

4.7.1 案例经过

某 110kV 变电站 1 号主变 10kV 开关柜为 KYN44-12/T1250 铠装移开式户内交流金属封闭开关设备，配置厦门 ABB 公司 2005 年 10 月生产的 VD4M1240-40 型断路器、额定电流 4000A，于 2005 年 12 月投入运行，2006 年 11 月停电进行预防性试验。

2011 年 9 月 11 日班组对该变电站 32 面 10kV 开关柜进行了开关柜局放测试，测得背景值空气 1dB、金属 10dB。1 号主变开关柜 TEV 最高为 16dB，而其他柜子为 8~10dB，对主变柜子及相邻 1 号电容器开关柜进行超声波局部放电检测，发现柜体后右中部 25dB 左右的超声信号，根据超声波的声压强度与设备可能运行状态对照表，判断 1 号主变 10kV 开关柜、1 号电容器开关柜存在表面放电的可能，已接近明显放电级别。

2012 年 5 月 29 日，利用停电检修机会检查发现 1 号主变 10kV 主变断路器母线侧 B 相触头有过热痕迹，主要原因为静触头安装不合理，固定螺栓选型不当，静触头未有效紧固。

4.7.2 检测分析方法

1. 检测中发现的问题

2011 年 9 月 11 日班组对某变电站 32 面 10kV 开关柜进行了开关柜局放测试：

先使用多功能局部放电检测仪（UltraTEV Plus+）的 TEV 模式对高压室内所有高压开关柜进行 TEV 信号普测，记录局部放电幅值（dB）和 2s 内的脉冲数。再使用超声波模式对开闭所内所有运行的高压开关柜进行超声波信号普测，并记录超声信号幅值。测得背景值空气 1dB，金属 10dB。1 号主变开关柜 TEV 最高为 16dB，而其他柜子为 8~10dB，对主变柜子及相邻 1 号电容器开关柜进行超声检测发现 25dB 左右的超声信号。电容器开关柜超声检测 25dB 的超声信号见表 4-10，某变电站 10kV 开关室测试超声图如图 4-9 所示。

根据超声波的声压强度与设备可能运行状态的关系，该变电站 1 号主变 10kV 开关柜、1 号电容器开关柜存在表面放电的可能，已接近明显放电级别。

表 4-10　　　　　　　　　　　电容器开关柜超声检测 25dB 的超声信号

序号	开关柜名称	前中/dB	前下/dB	后上/dB	后中/dB	后下/dB	侧上/dB	侧中/dB	侧下/dB	超声波测量结果
1	1号主变10kV开关柜	7	6	14	16	13				柜体前中部6dB，柜体后右中部25dB
2	1号电容器开关柜	5	4	12	12	11				柜体后右中上部20dB

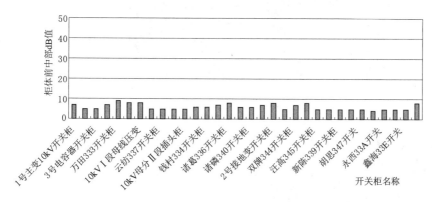

图 4-9　某变电站 10kV 开关室测试超声图

在安排检修计划时尽量提前，检修时注意对其内部绝缘进行检查和清扫。如不能尽早安排检修，则在巡检过程中加强对其重点监测，查看数据是否有变大变强的趋势，如果有，则需要采取相应的措施处理。

2. 停电检查

2012 年 5 月 29 日，利用停电检修机会检查发现 1 号主变 10kV 主变断路器母线侧 B 相触头有过热痕迹。具体图示如图 4-10～图 4-13 所示。

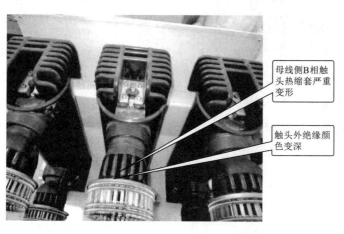

母线侧B相触头热缩套严重变形

触头外绝缘颜色变深

图 4-10　1 号主变 10kV 开关前视图

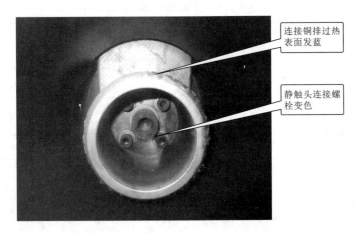

图 4-11 1号主变 10kV 开关柜内触头盒

图 4-12 1号主变 10kV 断路器后视图

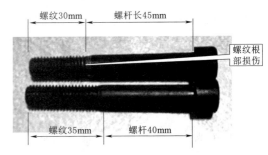

图 4-13 1号主变 10kV 断路器触子固定螺栓

观察发现,固定静触头的 M10 内六角螺栓螺纹根部有损伤的情况,通过尺寸测量,螺栓长度为 75mm,其中螺栓螺纹只有 30mm,无螺纹部分的螺杆长达 45mm,而触头盒内螺纹 35mm,静触头厚度 20mm,双铜排厚度 20mm,所以螺杆偏长,螺栓无法起到紧固静触头的作用,导致接触压力不足,通过大电流情况下发热严重危及设备健康运行。检查发现主要原因为静触头安装不合理,固定螺栓选型不当,静触头未有效紧固。应及时更换该批次静触头紧固螺栓。

3. 处理后复查

2012 年 6 月班组再次进行跟踪检测,现场 TEV 测得背景值空气 1dB,金属 3dB。

1 号主变开关柜值为 4dB，1 号电容器值为 4dB，已无超声放电现象。

4.7.3　经验体会

（1）制订计划对所辖变电所进行每年一次的轮测，加强对疑似放电缺陷的信息收集汇总。

（2）对已发现有疑似放电的开关柜加强跟踪检测，查看数据是否有变大、变强的趋势，如果有，需要采取相应的措施处理，同时结合停电机会安排检查处理。

（3）对已处理的开关柜进行跟踪检测，检查处理情况是否良好。

第5章　GIS特高频局部放电检测

电力设备绝缘体中绝缘强度和击穿场强都很高，当局部放电在很小的范围内发生时，击穿过程很快，将产生很陡的脉冲电流，其上升时间小于1ns，并激发高达数吉赫兹的电磁波。局部放电检测特高频（UHF）法的基本原理是通过UHF传感器对电力设备中局部放电时产生的特高频电磁波信号进行检测，从而获得局部放电的相关信息，实现局部放电检测。

根据现场设备情况的不同，可以采用内置式特高频传感器和外置式特高频传感器。预先内置式传感器可实现电力设备的状态检测、灵活应用于带电检测。由于现场的电晕干扰主要集中在300MHz频段以下，因此UHF法能有效地避开现场的电晕等干扰，具有较高的灵敏度和抗干扰能力，可实现局部放电带电检测、定位以及缺陷类型识别等优点。

5.1　专业术语

（1）特高频：指信号频率为300～3000MHz范围内的电磁波。

（2）特高频局部放电检测：通过UHF传感器测量局部放电所激励的特高频（300～3000MHz）电磁波信号，实现局部放电测量和定位。

（3）单位dB：表明局部放电信号强度的一种形式，采用信号幅值与基准值的比值的对数来表征，0dB表示信号幅值与采用的基准值相等。

（4）单位dBmV：特指基于1mV的被测信号的（分贝）幅值，例如某一信号的实际幅值为15mV，则其分贝值为 $20 \times \log[15(mV)/1(mV)] = 23.5dB$。

5.2　检测原理

GIS中局部放电电流脉冲持续时间短，上升前沿陡，能激发数吉赫兹的电磁波。电磁波在GIS腔体内传播，经由盆式绝缘子等非连续部位向外辐射。通过耦合GIS中局部放电的特高频电磁信号，实现GIS局部放电检测，其检测原理如图5-1所示。

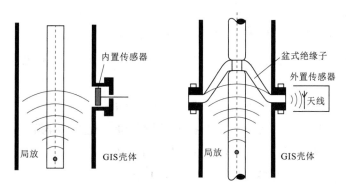

图 5-1　特高频局放检测原理图

5.3　检测注意事项

5.3.1　检测人员要求

（1）GIS 特高频局部放电现场检测是为保证电力安全生产的一项带电检测技术，要求从事该项工作的专业技术人员有一定的业务素质。

（2）检测人员应了解局部放电检测仪的工作原理、技术参数和性能，熟悉局部放电检测的基本原理、诊断程序和缺陷定性的方法，掌握局部放电检测仪的操作程序和使用方法。

（3）检测人员应了解 GIS 设备的结构特点、工作原理、运行状况和导致设备故障的基本因素。

（4）检测人员应熟悉特高频局部放电检测标准，并接受 GIS 特高频局部放电检测技术的专项培训。

（5）检测人员应可以对异常信号进行判断，提出初步意见。

（6）检测人员应具有一定的现场工作经验，熟悉并能严格遵守电力生产和工作现场的相关安全管理规定。

5.3.2　检测仪器的基本要求

1. 仪器功能要求

（1）能够检测且判断 GIS 内部常见的缺陷类型，并具备图形显示功能。

（2）能够有效抑制或排除干扰。

（3）具有参数设置、参数调阅和时间对时等功能。

（4）可用外施电源进行同步，并可通过移相的方式，对测量信号进行观察和分析。

（5）可实现相位补偿，对外部干扰进行实时排除。

（6）可设置环境阈值，对测量前获得的环境背景干扰进行排除。

（7）能同时检测 50Hz、100Hz 相关性及放电幅值。

（8）精确测量及定位设备，应能显示 PRPD 图谱、PRPS 图谱、峰值、脉冲数。

（9）能够判断 GIS 中的典型局部放电类型，或给出各类局部放电发生的可能性。

（10）实现实时监测及数据存储调阅功能。

（11）可用充电电池供电，单次持续使用时间不低于 6h。

2. 检测频率及灵敏度

（1）检测频率范围：频段在 300MHz～3GHz 之间。

（2）检测频率分为四个频段：低频、全频、窄高频、宽高频。

（3）通道精度：小于 2dBm。

（4）灵敏度：动态范围 70dB。

（5）最小灵敏度：小于 5pC。

5.3.3 安全要求

（1）应确保操作人员及测试仪器与电力设备的高压部分保持足够的安全距离。

（2）应有专人监护，监护人在检测期间应始终行使监护职责，不得擅离岗位或兼职其他工作。

（3）GIS 金属外壳接地良好。

（4）雷雨天气应暂停检测工作。

（5）检测时，被测设备无操作。

5.3.4 现场检测条件

（1）GIS 设备上无各种外部作业。

（2）金属外壳应清洁、无覆冰等。

（3）绝缘子盆为非金属封闭，或有金属屏蔽但有浇注孔可以打开，或具有观察窗及其他绝缘外露部位，或具有内置有 UHF 传感器。

（4）进行检测时应避免振动干扰源等带来的影响。

（5）进行室外检测避免雨、雪、雾、露等相对湿度大于90%的天气条件。

（6）检测时应尽量减少手机、照相机闪光灯、照明灯等的信号干扰。

5.3.5　注意事项

（1）传感器放置应避开紧固绝缘盆子螺栓。

（2）应保持每次测试点的位置一致，以便于进行比较分析。

（3）检测到"异常"或"缺陷"，为避免"故障源"是来自GIS壳体环流引起的干扰，此时应使用独立的接地线使测量仪器在传感器所在区域附近的GIS结构上接地。

5.4　现场实际操作

5.4.1　检测准备

（1）特高频传感器需安置在无金属法兰的绝缘子、观察窗、接地开关的外露绝缘件、SF_6气体压力释放窗等部位。

（2）在断路器断口处、隔离开关、接地开关、电流互感器、电压互感器、避雷器、导体连接部件等处均应设置测试点。一般在GIS壳体轴线方向每间隔连接处选取一处，测量点尽量选择在隔室侧下方，间隔断面层如图5-2所示。

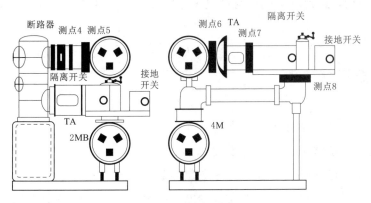

图5-2　间隔断面层图

（3）一般每个间隔取2～3点，对于较长的母线气室，可每5～10m取1点。

（4）根据检测要求、设备间隔断面图完成测点统计。

5.4.2 检测步骤

（1）检测前正确安装仪器各配件，启动设备并进行必要的软件设置。

（2）检测前记录检测环境、运行负荷情况等相关信息。

（3）开始检测前应自检仪器。

（4）仪器需与电源信号进行同步。

（5）测试前将仪器调节到最小量程，传感器悬浮于空气中，测量空间背景噪声值并记录。

（6）进行检测图谱记录，在必要时进行二维图谱记录。

（7）存在与同等条件下同类设备检测图谱有明显区别的"异常"或具有典型局部放电的检测图谱的"缺陷"情况的间隔，应进行执行诊断性检测。

5.5 诊断方法

5.5.1 检测流程

检测到异常信号时，首先排除干扰，确定信号是否来源设备内部；然后在临近测点进行检测，如果能够检测到相似信号，即可使用高速示波器采用时差法对信号源进行定位，以判断信号源具体位置；随后，采用超声波检测、SF_6 分解物、信号频谱分析等多种手段，结合设备内部结构，进行放电类型与放电位置的综合分析判断。详细的检测流程图如图 5-3 所示。

5.5.2 主要干扰来源

（1）移动通信和雷达等无线电干扰。

（2）变电站架空线上尖端放电干扰。

（3）变电站高电压环境中存在的浮电位体放电干扰。

（4）照明、风机等电气设备中存在的电气接触不良产生的放电干扰。

（5）断路器、隔离开关操作产生的短时放电干扰。

现场干扰将降低特高频局部放电检测的灵敏度，甚至导致诊断错误。本书给出了常见的干扰图谱表供参考，见表 5-1。

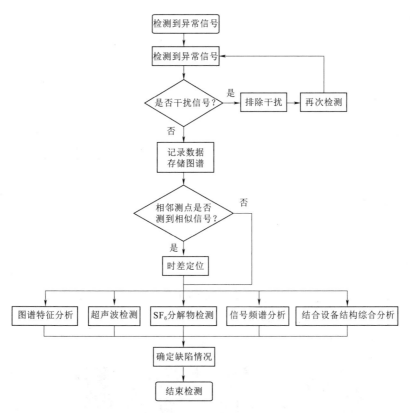

图 5-3 检测流程图

表 5-1   常 见 干 扰 图 谱

干扰类型	干 扰 特 点	典型干扰波形	典型干扰谱图
手机信号	波形相对固定，幅值稳定，没有工频相关性，不具有相位特征，有特定的重复频率		
雷达信号	波形有明显的具有周期特征的峰值点，没有工频相关性，不具有相位特征		
日光灯干扰	波形幅值变化较大，没有工频相关性，不具有相位特征，没有周期重复现象		

干扰类型	干 扰 特 点	典型干扰波形	典型干扰谱图
发动机干扰	波形没有明显的相位特征,幅值分布较广		

5.5.3 干扰的抑制

1. 滤波

对于变电站中常见的电晕放电干扰(主要集中在200MHz以下频段)和移动通信等确定频段的干扰信号,可以通过滤波的方法进行有效抑制。500MHz高通滤波器滤波如图5-4所示;滤波器滤波前后对比如图5-5所示。

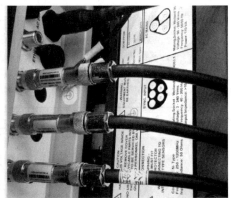

图5-4 500MHz高通滤波器滤波

2. 屏蔽

干扰信号主要来自于GIS外部,对盆式绝缘子法兰进行屏蔽,可减小对内置传感器的干扰。对于外置式传感器,也需要增加盆式绝缘子非耦合区域的屏蔽,减小外部空间干扰的影响。图5-6所示为干扰屏蔽,为工程中常用的屏蔽方式。

3. 干扰识别

对重复出现的干扰信号,可以根据信号的波形特征、频谱特征和工频相关性进行识别和消除。

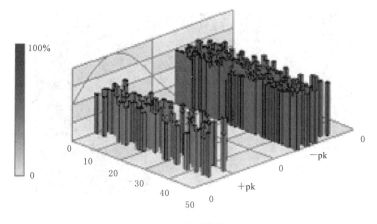

（a）滤波前

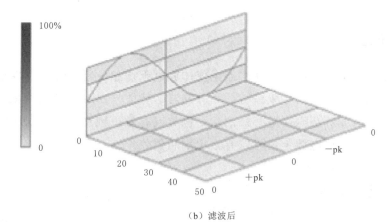

（b）滤波后

图 5-5　滤波前后图谱对比

（a）金属丝屏蔽带

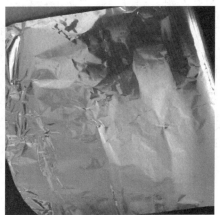

（b）铝箔纸

图 5-6（一）　干扰屏蔽

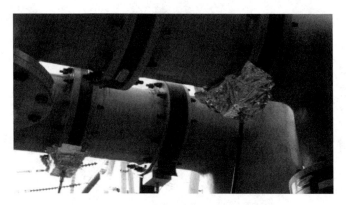

(c) 现场屏蔽图

图 5-6(二) 干扰屏蔽

4. 干扰定位

对于变电站高电压环境中存在的浮电位体放电干扰和电器设备中存在的电气接触不良产生的放电干扰,其信号频谱特征和脉冲波形特征与 GIS 内部的局部放电非常相似,难以通过滤波和屏蔽等措施有效消除,也难以有效识别和区分。对于这类也是放电产生的干扰,通过放电源定位可以有效识别和消除。

5.5.4 放电源定位

1. 强度定位

当在多个测点同时检测到放电信号时,信号强度最大的测点可判断为最接近放电源的位置;当只在一个测点能够检测到放电信号时,此测点可判断为最接近放电源的位置。

强度定位法的准确性在某些场合将受到限制。当放电信号很强时,在较小的距离范围内难以观察到明显的信号强度变化,使精确定位面临困难。当 GIS 外部存在干扰放电源时,也会在 GIS 的不同位置产生强度类似的信号,难以有效定位,同时也难以区分 GIS 内部或外部的放电。

2. 时差定位

时差定位适用于采用高速数字示波器的带电测量装置,该方法以特高频技术为主,结合超声波技术联合检测(又称为声电联合法),用于 GIS 放电源精确定位,一般由特高频传感器单元、超声波传感器单元、信号调理装置、滤波器、射频同轴电缆、示波器等组成，其组成及定位方法与原理如图 5-7 和图 5-8 所示。

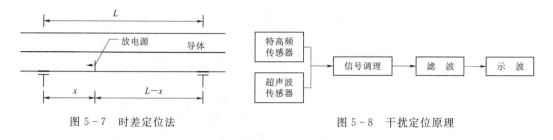

图 5-7 时差定位法   图 5-8 干扰定位原理

时差定位计算方法为

$$\Delta t = (L-x)/c - x/c \tag{5-1}$$

$$x = \frac{1}{2}(L - c\Delta t) \tag{5-2}$$

式中：c 为 GIS 中电磁波等效传播速度，$3 \times 10^8 \text{m/s}$。

将传感器分别放置在 GIS 上两个相邻的测点位置，Δt 可由示波器波形获取，即两个波形的时延，利用式（5-1）、式（5-2）即可计算得到局部放电源的具体位置。

顺序定位是时差定位的简化方法，当采用多个传感器时，将一个传感器（中心传感器）固定在 GIS 上的某个检测位置，将其他传感器放置在此传感器四周邻近位置，如果中心传感器的信号总是领先于四周不同位置处的传感器的信号，则可判断放电源靠近中心传感器的位置。采用如此方法依次对每个 GIS 测点进行测量，即可确定放电源是否发生在 GIS 内部以及具体位置。

空间干扰源定位，可针对不同方向进行检测，与 GIS 上测点进行比较，进而确定放电部位是否为本体。具体方法为将一个传感器固定 GIS 测点上，另两个传感器放置在空气中，并通过不断改变传感器的方向，比较每一路信号在数字示波器上触发的脉冲波形的幅值，从而找到信号波形幅值最大的点，此时传感器的朝向即为外部信号源所在的方位。图 5-9 所示为现场某相不同检测方向定位图谱，可通过上述方法确定信号的方位。

5.5.5 局部放电缺陷识别

根据典型局部放电信号的波形特征或统计特性提取局部放电指纹，建立模式库，通过局部放电检测结果和模式库的对比，可进行局部放电类型识别。典型缺陷放电特征及其图谱有二维典型放电图谱、PRPS 及飞行图谱。

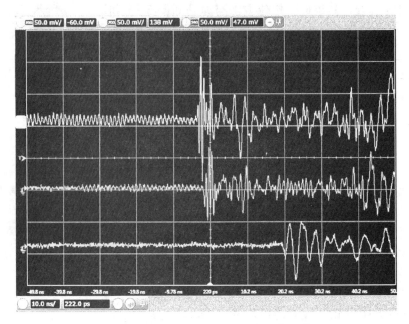

图 5-9　现场某相不同检测方向定位图谱

1. 二维典型放电图谱

二维典型放电图谱见表 5-2。

表 5-2　二维典型放电图谱

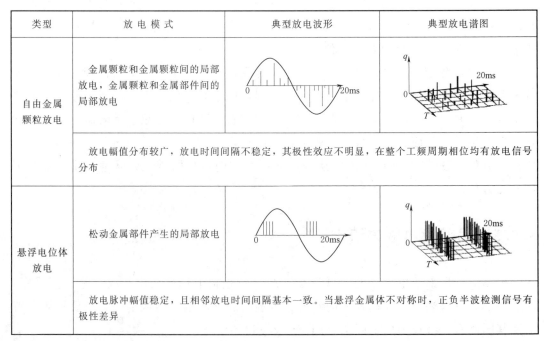

类型	放 电 模 式	典型放电波形	典型放电谱图
自由金属颗粒放电	金属颗粒和金属颗粒间的局部放电，金属颗粒和金属部件间的局部放电		
	放电幅值分布较广，放电时间间隔不稳定，其极性效应不明显，在整个工频周期相位均有放电信号分布		
悬浮电位体放电	松动金属部件产生的局部放电		
	放电脉冲幅值稳定，且相邻放电时间间隔基本一致。当悬浮金属体不对称时，正负半波检测信号有极性差异		

68

类型	放电模式	典型放电波形	典型放电谱图
绝缘件内部气隙放电	固体绝缘内部开裂、气隙等缺陷引起的放电		
	放电次数少，周期重复性低。放电幅值也较分散，但放电相位较稳定，无明显极性效应		
沿面放电	绝缘表面金属颗粒或绝缘表面脏污导致的局部放电		
	放电幅值分散性较大，放电时间间隔不稳定，极性效应不明显		
金属尖端放电	处于高电位或低电位的金属毛刺或尖端，由于电场集中，产生的 SF_6 电晕放电		
	放电次数较多，放电幅值分散性小，时间间隔均匀。放电初期通常仅在工频相位的负半周出现		

2. PRPS 及飞行图谱

PRPS 及飞行图谱分为颗粒放电、悬浮放电和绝缘放电三种图谱，具体放电图谱如图 5-10～图 5-12 所示。

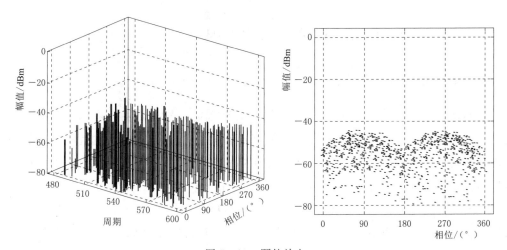

图 5-10 颗粒放电

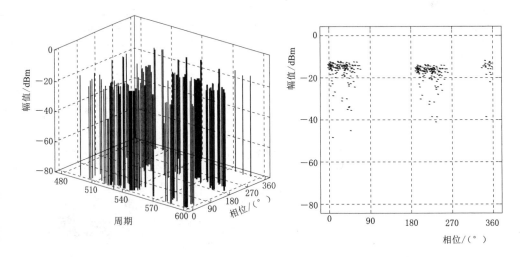

图 5-11 悬浮放电

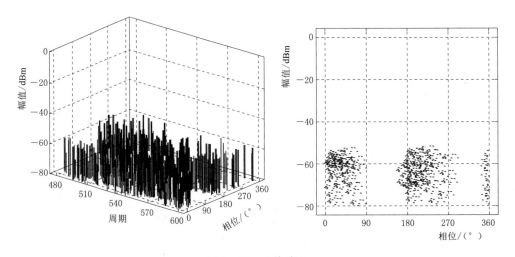

图 5-12 绝缘放电

3. 局部放电严重程度判定

在 GIS 特高频局部放电检测中，测得的局部放电信号的强度与局部放电的真实放电量、局部放电类型以及放电信号的传播路径有关。由于局部放电类型和局部放电信号传播路径的复杂变化，以及视在放电量和真实放电量之间的不确定关系，不能简单地仅由信号强度判断局部放电量或判断绝缘缺陷严重程度。

GIS 局部放电缺陷的严重程度应根据放电类型的识别结果和检测特征量的发展趋势进行综合判断，分析中应参考局部放电超声检测和气体分解物检测等诊断性试验结果。

5.6 案例

5.6.1 案例一

1. 现场检测

（1）对某站 GIS 设备进行 GIS 特高频局放检测。采用某型号 GIS 特高频检测设备进行检测，该 TV 间隔各测点分布如图 5-13 所示。发现 C 相的 5 个测点均能检测到异常信号，在 A、B 相的测点 1、测点 2 也能检测到相似信号。各测点的检测图谱如图 5-14 所示。

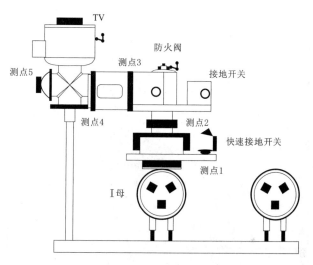

图 5-13　Ⅰ母 TV 特高频测点分布图

从图 5-14 可以看出，该 TV C 相 5 个测点的信号以测点 3、测点 4 信号幅值最大，达 63dB，往两侧的测点信号幅值均减小；相邻的 B 相测点 1 信号幅值为 57dB，A 相测点 1 信号幅值为 46dB。可初步判断各测点检测到的异常信号来自同一信号源，且最靠近 C 相测点 3、测点 4。

采用特高频局部放电检测仪 QCM-PPDM 进行诊断性精确检测，DMS 检测图谱如图 5-15 所示。可以看出外部空间中不存在与 TV C 相各测点检测到的信号类似的异常信号。由此基本排除异常信号来自外部空间的可能。而测点 3、测点 4、测点 5 的信号图谱特征相似，具有典型局部放电特征。从图谱特征来看，此放电信号疑似绝缘缺陷放电；与特高频局部放电标准图谱进行比较，该检测图谱与典型绝缘缺陷图谱相似，判断此放电信号为绝缘缺陷放电。

检测人员采用便携式局部放电诊断测试仪 EC4000 对测点 3、测点 4 的信号进行了复测分析，如图 5-16 所示。比较不同检测仪器的检测图谱，发现信号图谱特征一致。

此外，检测人员还采用其他检测手段检测结果。采用 AIA-2 超声波局部放电检

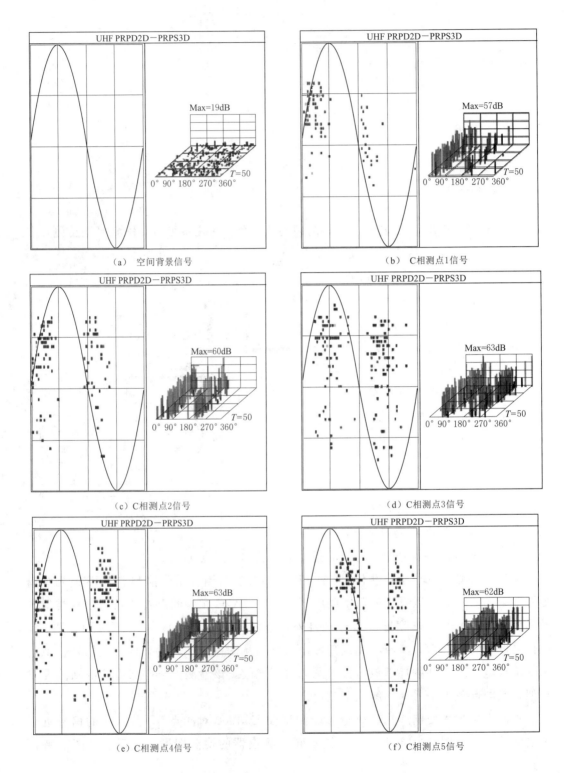

图 5 - 14（一） Ⅰ母 TV 各测点信号图谱

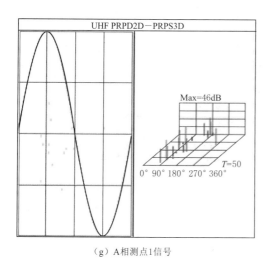

（g）A相测点1信号

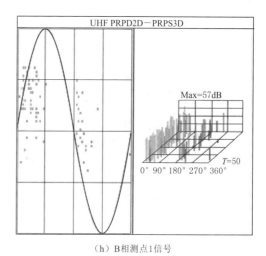

（h）B相测点1信号

图 5-14（二） Ⅰ母 TV 各测点信号图谱

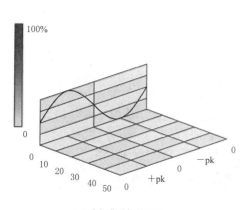

（a）空间背景信号PRPS

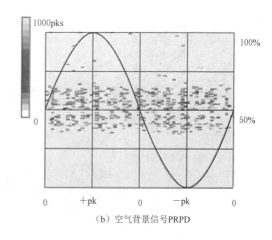

（b）空气背景信号PRPD

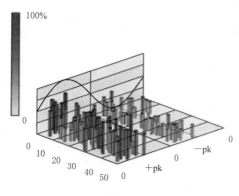

（c）测点3信号PRPS

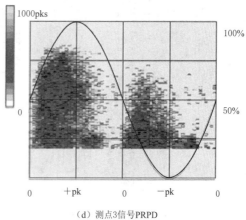

（d）测点3信号PRPD

图 5-15（一） DMS 检测信号图谱

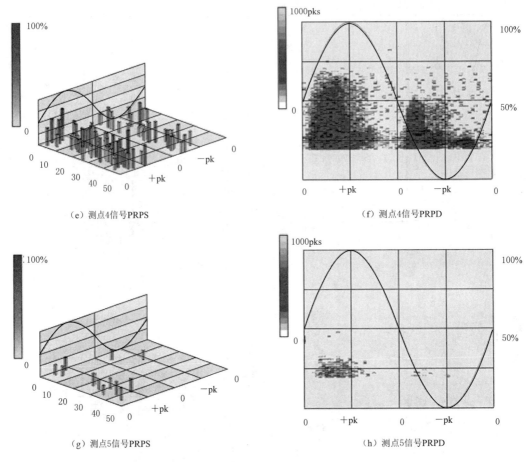

（e）测点4信号PRPS

（f）测点4信号PRPD

（g）测点5信号PRPS

（h）测点5信号PRPD

图 5-15（二） DMS 检测信号图谱

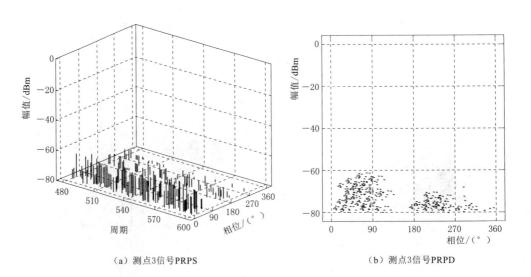

（a）测点3信号PRPS

（b）测点3信号PRPD

图 5-16（一） EC4000 检测信号图谱

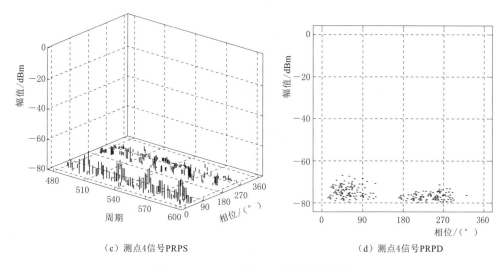

（c）测点4信号PRPS　　　　　　　　　　（d）测点4信号PRPD

图 5-16（二）　EC4000 检测信号图谱

测仪对相关气室进行了超声波局部放电检测未发现明显异常。

采用 SF_6 气体综合测试仪对相关气室进行分解物检测，SO_2、H_2S、HF 的含量均为 0，无异常。

2. 综合分析

（1）外部干扰信号排除。现场检测的多处信号图谱特征一致，可判断各测试点信号来自同一信号源；将外部空间的背景噪声信号与异常信号进行比较，无局部放电特征。为进一步说明，检测人员采用示波器进行了验证，如图 5-17 所示。其中，第一

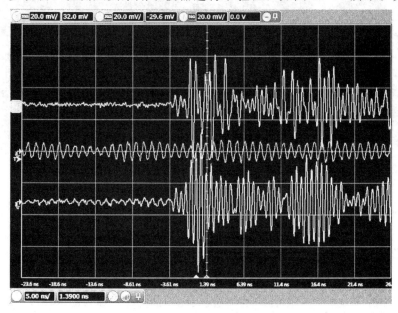

图 5-17　示波器定位图谱 1

行信号来自 C 相测点 4，第三行信号来自 C 相测点 3，第二行信号来自外部空间。可见，测点 3、测点 4 的信号均为典型脉冲信号，而外部空间未检测到此脉冲信号。综上，可排除该异常信号来自外部干扰，确定 GIS 设备内部存在局部放电。

（2）局部放电源精确定位。由图 5-18 可知，测点 3、测点 4 几乎同时接收到脉冲信号，测点 3 领先测点 4 不到 0.5ns，可初步判断局部放电源位于测点 3、测点 4 的两个盆式绝缘子之间的气室内，距离测点 3 约 20cm。

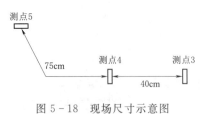

图 5-18　现场尺寸示意图

为进一步验证，保持测点 3 的传感器位置不变，将测点 4 的传感器固定至测点 5，示波器的定位图谱如图 5-19 所示。可见，测点 3 领先测点 4 约 2.5ns。根据现场尺寸示意图，可计算得局部放电源位于测点 3、测点 5 之间，距离测点 3 约 20cm，即测点 3 与测点 4 的中间位置，与图 5-19 的定位结果一致。

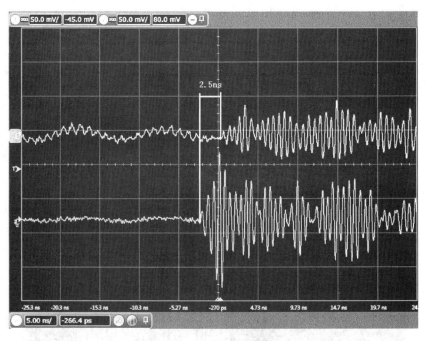

图 5-19　示波器定位图谱 2

（3）信号频谱分析。现场对测点 3、测点 4 的信号进行了频谱分析，发现该信号均呈现宽频带，频带范围为 600～1800MHz，具有典型放电的频谱特征，如图 5-20 所示，图中上部为测点 3 信号频谱，下部为测点 4 信号频谱。

（4）设备结构分析。根据时差定位法计算，放电源位置为图 5-21 中圈出区域所示的气室内部，该处的盆式绝缘子凸出部分存在发生局部放电的可能性。综合特高频

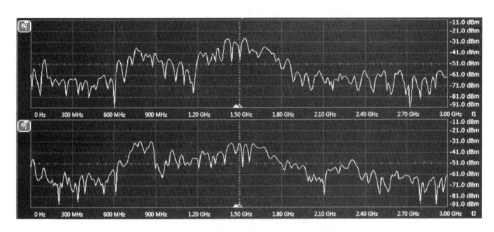

图 5 - 20　信号频谱分析

检测图谱分析，该处局部放电为绝缘缺陷放电，放电原因可能为盆式绝缘子表面存在污秽、内部存在气隙或者裂纹。

图 5 - 21　隔离开关内部结构图

（5）其他检测分析。绝缘缺陷放电产生的超声信号在绝缘材料中衰减很大，超声波检测法对该类放电十分不灵敏，故无法检测到异常信号。

该气室 SF_6 成分分析无异常，由于气室较大，而放电信号强度较弱，即使产生微量分解物，无法检测到也属正常现象。

使用不同厂家不同型号的特高频局部放电检测仪均检测到相似的具有典型局部放电特征的信号，并且通过局部放电信号频谱分析，可以确定 GIS 设备内部存在局部放电，非外界干扰。

将特高频检测图谱与典型绝缘缺陷放电图谱比较，可发现该局部放电信号具有绝缘类缺陷放电特征。典型绝缘缺陷放电图谱如图 5 - 22 所示。

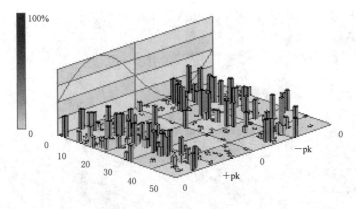

（a）DMS典型绝缘缺陷放电图谱

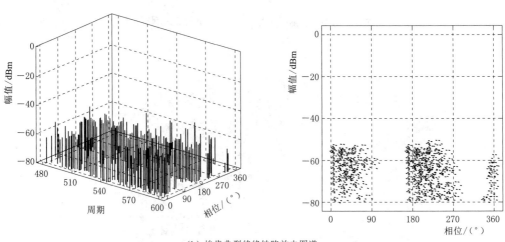

（b）埃肯典型绝缘缺陷放电图谱

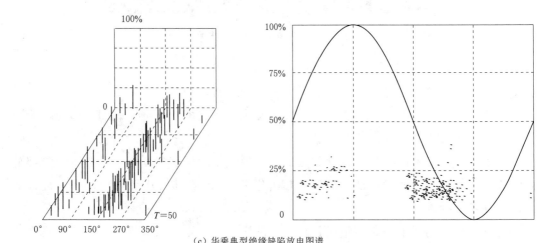

（c）华乘典型绝缘缺陷放电图谱

图 5-22　典型绝缘缺陷放电图谱

5.6.2 案例二

2019 年 11 月 15 日，检测人员在进行 110kV 某 GIS 带电检测中，发现 2 号主变 110kV 主变 TA 盆子处的检测结果存在异常，其特高频和超声波检测结果如图 5-23 和图 5-24 所示。

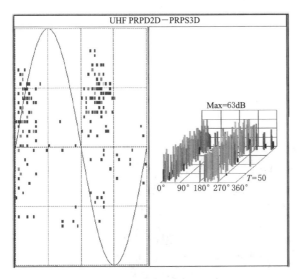
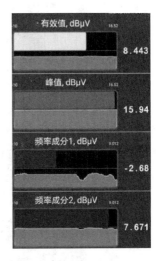

图 5-23　特高频局放检测图谱　　　　图 5-24　超声波局放检测结果

特高频检测结果显示：局部放电信号在整个工频周期内分布规律，在工频相位的正、负半周期均有放电，主要集中在第一、第三象限，放电相位特征明显。超声波局放检测结果显示：连续检测模式下，有效值及周期峰值较背景值明显偏大；频率成分 1（50Hz）、频率成分 2（100Hz）特征明显，且频率成分 1（50Hz）小于频率成分 2（100Hz），符合悬浮放电的特征。

停电后为进一步确定放电相别，对该 GIS 进行分段外施电压，试验频率为 100Hz，并采用更高精度的莫克 EC4000P 局放检测仪进行检测，在进行 AB 相、C 相及地测量时盆子的特高频体现出较为明显的局部放电特征（仪器检测频率仍未 50Hz），图谱呈现一定的"外八"形，如图 5-25 所示。

检修人员打开该气室进行检查，发现均压环压紧螺栓松动，如图 5-26 所示，均压环与屏蔽筒未能紧密接触。

拆下均压环进行检查，发现 A 相均压环与屏蔽筒接触位置有明显的放电痕迹，如图 5-27 所示。

可见，该气室局部放电缺陷是均压环压紧螺栓松动，均压环与屏蔽筒未能紧密接触，两者间产生悬浮放电所引起。

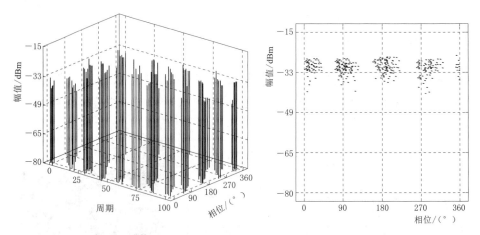

图 5-25　外施电压下特高频复测结果

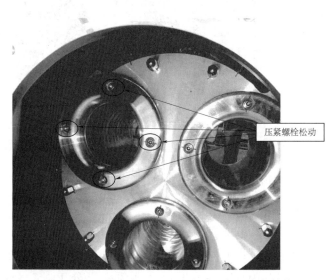

图 5-26　2 号主变 110kV 主变 TA 气室内部结构

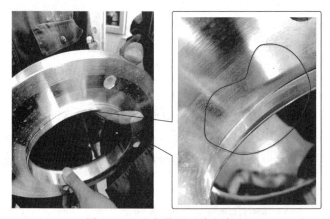

图 5-27　A 相均压环放电痕迹

第6章　避雷器泄漏电流检测

避雷器，又称为过电压限制器，是一种通过释放雷电或兼能释放电力系统操作过电压能量、保护电工设备免受瞬时过电压（雷电过电压、操作过电压、工频暂态过电压冲击）危害，又能截断续流，不致引起系统接地短路的电气装置，它连接于导线与地之间，并与被保护设备并联。

氧化锌避雷器又称为金属氧化物避雷器（Metal Oxide Surge Arresters，MOA），又由于其阀片主要成分是氧化锌，故又习惯称为氧化锌避雷器。与传统的碳化硅避雷器相比，氧化锌偶避雷器除有优良的非线性外，还有的优点：①残压低；②通流能力大；③可以做成无间隙避雷器，在工作电压作用下，不会烧毁；④放电无延迟；⑤结构简单，体积小；⑥无续流。同时，复合绝缘避雷器（尤其液体硅橡胶作为外绝缘）具有防潮、防爆、防污自洁、运行可以免维护等特点。

虽然氧化锌避雷器具有很多优点，但投入电力系统使用后，也出现各种各样的问题：①老化现象；②热击穿现象；③受环境污染引起的局部放电现象；④瓷套、端子和基座开裂、倾倒等故障；⑤内部各部件的故障等。根据统计，在所有的避雷器事故中，我国电力设备受潮引起的事故占60%，国外引进的避雷器事故较少，主要由老化、参考电压低和电位分布不均匀等原因造成。然而设备带电运行与停电检查存在以下问题：①重要电力设备轻易不能停止运行；②停电后与运行中的设备状态不符（如作用电压、温度等）；③试验间隔期发生的绝缘问题；④状态良好的设备的过度维修等的需求。这些矛盾促进了状态监测与故障诊断技术包括在线测试与在线监测的发展和应用。

6.1　专业术语

（1）全电流（total current）：在正常运行电压下，流过金属氧化物避雷器本体的电流也可称避雷器泄漏电流。全电流由阻性电流和容性电流组成。

（2）阻性电流（resistive component of current）：全电流的阻性分量。

（3）容性电流（capacitive component of current）：全电流的容性分量。

6.2 检测原理

氧化锌避雷器（MOA）等效电路图和相量关系如图6-1所示。

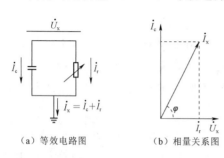

（a）等效电路图　　（b）相量关系图

图6-1 氧化锌避雷器（MOA）
等效电路图和相量关系图

氧化锌避雷器（MOA）的电阻阀片具有和陶瓷电容器相同的静电电容，基本可以等效于电阻和电容的并联电路，其等效电路图和相量关系图如图6-1（a）所示，可知，在正常运行相电压下，氧化锌避雷器的总泄漏电流包括阻性电流分量 $\dot{I}_r$ 和容性电流分量 $\dot{I}_c$ 两部分。阻性电流 $\dot{I}_r$ 跟相电压 $\dot{U}_x$ 同相，由于容性电流的存在，总泄漏电流 $\dot{I}_x$ 与相电压 $\dot{U}_x$ 存在相位夹角，用 φ 来表示。由于氧化锌电阻阀片间距小，等效电容大，在低频电压下，通过它的电流基本上是容性的，而阻性电流只有10%～20%，但是电容电流只能影响设备的电压分布，随着电压得升高，有功电流迅速增大。当场强超过 1kV/cm 时，有功电流则占据主导地位，也是引起氧化锌避雷器发热的主要原因。因此当氧化锌避雷器出现绝缘老化、受潮、机械故障等问题时，阻性电流比例大幅增加，而容性电流则保持原有数值，阻性电流的增大又反过来导致发热量继续增加，避雷器不断温升更加加速电阻阀片的老化，产生恶性循环。当 $\dot{I}_r/\dot{I}_x$ 值大于25%时，说明氧化锌避雷器发生内部绝缘缺陷故障等，需要立即采取停电检查的措施。因此检测正常运行电压下氧化锌避雷器阻性电流值的变化可作为判断氧化锌避雷器内部故障的依据。

经过大量的理论推讨和试验数据验证，得出以下结论：

（1）高次谐波因其做功量较小，并不能够明显反映氧化锌避雷器的故障特征，只有基波分量的变化才能影响发热做功的大小。

（2）当设备存在表面严重污秽或内部严重受潮时，只有阻性电流基波分量随着阻性电流的增长而增长明显，而其谐波分量变化很小。

（3）当设备存在老化现象时，可以观察到谐波分量随着阻性电流的增加而明显增长，阻性基波分量变化不明显。

上述经验的总结与获得成为判断检测氧化锌避雷器绝缘优劣状况的重要判断依据，也成为研究避雷器带电检测装置的充分条件。

目前氧化锌避雷器带电测量的检测方法包括全电流检测、谐波分析检测、阻性电流基波检测等，但主要采用阻性电流基波检测。

1. 全电流检测

在正常运行电压下，通过避雷器的电流很小，只有几十到数百微安，该电流称为运行电压下的交流泄漏电流，也称为全电流。大致分为三部分：①流过固定电阻片绝缘材料的电流；②流过电阻片的电流；③流过避雷器瓷套的电流。当氧化锌避雷器受潮或者老化时，阻性泄露电流增加，总电流也相应增加，但由于全电流的有效值主要取决于容性电流分量，故全电流没有明显变化，因此该方法灵敏度较低。

2. 谐波分析检测

通过对氧化锌避雷器的电流信号的谐波分析，检测氧化锌避雷器的老化状况。因3 次谐波较其他高次谐波电流较大，灵敏度较高，试验中一般采用 3 次谐波法。从避雷器接地线获取全电流，通过 3 次谐波带通滤波器，得到 3 次谐波电流。但当电网电压存在 3 次谐波成分时，易出现容性 3 次谐波电流，如不排除该部分电流，将产生误差。

3. 阻性电流基波检测

避雷器在正常运行情况下，其阻性基波电流在总泄漏电流中数值很小。一旦出现阀片老化或内部受潮等问题时，阻性基波电流值就会迅速增加，可见测试阻性基波电流及分析其变化情况是氧化锌避雷器的绝缘性能及运行情况好坏的重要依据。一般采用数字谐波分析技术，将阻性电流的基波值从总泄漏电流中分离出来，其工作原理是氧化锌避雷器 MOA 下端的泄漏电流表上端和电压互感器二次侧分别提取电流值和电压值，利用傅里叶变换获取电流和电压的基波分量。

目前，国内外对氧化锌避雷器进行带电测试检测方法，大多是通过从对应的电压互感器上获取电压信号以及氧化锌避雷器的全电流信号共同获得阻性电流，作为氧化锌避雷器带电测试的检测依据。一般采用以下方法：

（1）二次法：利用 TV 二次电压作为参考对阻性电流进行测量，获得基波以及各种谐波的阻性电流值、总泄漏电流值、总阻性电流值等数据，是目前精确度最高的测试方法之一。

（2）感应板法：以电场强度做参考，利用感应板来提供母线电压的相位信息，从而分解阻性电流。操作较为安全、方便、快速。

（3）谐波分析法：通过对氧化锌避雷器的电流信号的谐波分析，提供性能判断依据。选取参考电压的方法不同，相应阻性电流分量也有一定差异。可采用泄漏电流指示型计数器或阻性电流测试仪等可长期在线带电测量（在线式）、或采用阻性电流测试仪定期测量泄漏电流值和波形分析图（离线式），两者测量原理基本相同。

阻性电流基波法的优势如下：

（1）测试阻性电流基波更有实际意义。避雷器阀片的老化主要是由阻性电流的基波分量造成的。因此其阀片的发热主要是基波电流做功的结果，虽然存在高次谐波，但其阻性电流分量所产生的功耗很小，不影响发热。

（2）减少电网中其他谐波的干扰。金属氧化物避雷器谐波分量来源于两方面，除了其本身的非线性特性引起正弦基波电压的畸变，还有电网中谐波电压的侵入。因此，总阻性电流的测量结果随电网电压谐波分量的变化而不同。但阻性电流的基波值则不会因外界谐波的干扰而改变，相对稳定，更具可靠性。

6.3 影响因素

在现场实际工作中，进行带电检测时，测试数值会因现场环境、电磁场干扰和其他多种因素的影响产生较大的偏差，给氧化锌避雷器带电测量的测试结果带来误差，必须采取措施提高其测试精度。影响带电检测的环境因数很多，包括表面受潮污秽、温度、湿度、相间干扰、电网谐波、参考电压方法的选取以及电磁场等。

1. 瓷套外表面受潮污秽的影响

瓷套外表面存在潮湿污秽时，引起泄漏电流增大，如果不加以屏蔽会进入测量仪器，导致测量结果偏大。

2. 温度的影响

在小电流区域，金属氧化物避雷器的电阻阀片的伏安特性曲线比较陡峭，非线性较差，在−40～100℃范围内，温度系数约为−0.05/℃，且由于其空间结构不大，不易散热，阀片温度升高，更促使阻性电流增长。因此，在进行检测数据的纵向比较时应充分考虑该因素。当环境温度与初始值不同时，应进行温度换算才可与初值比较。DL/T 474.5—2018《现场绝缘试验导则　避雷器试验》指出，环境温度每升高10℃，电流增大3%～5%，可参照换算。

3. 湿度对测试结果的影响

空气湿度增加，金属氧化物避雷器瓷套表面即覆盖一层水膜，引起表面泄漏电流增加，同时引起金属氧化物避雷器内部阀片的电位分布发生畸变，使芯体电流明显增大。严重时芯体电流能增大1倍左右，瓷套表面电流会呈几十倍增加。

4. 相间干扰的影响

对于一字排列的三相金属氧化物避雷器，在进行泄漏电流带电检测时，由于相间干扰影响，A相、C相电流相位都要向B相方向偏移，一般偏移角度2°~4°左右，这导致A相阻性电流增加，C相变小甚至为负，B相居中，如图6-2所示。这是由三相避雷器相间耦合电容引起的，使其三相底部电流与单相运行时相比相位发生改变。由于相间干扰是固定的，根据与初值、历次数据纵向比较以及与同组相邻避雷器试验数据或同时期、同型号、同厂家横向比较的方式，综合分析也可以较好地判断出金属氧化物避雷器运行状况是否良好。

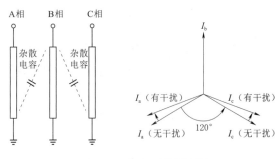

图6-2 相间干扰原理图

5. 电网谐波的影响

电网含有的谐波电压会在避雷器中产生谐波电流，可能导致无法准确检测金属氧化物避雷器自身的谐波电流。

6. 参考电压方法选取的不同

金属氧化物避雷器测量仪一般具有 TV 二次电压法、检修电源法、感应板法、容性设备末屏电流法等参考电压方式，不同方法之间带来系统性的电压误差，也可能造成测试结果的差异。

7. 电磁场的影响

当测试周围存在电磁场，较强的电场强度会引起电压 U 与总电流 I_x 的夹角的变化，导致测得的阻性电流数据产生误差，影响测量人员对金属氧化物避雷器的质量及运行情况的准确判断。因此测量时应选取多个测试点进行分析比较。

6.4 现场实际操作

测试数据中阻性电流对判断避雷器内部缺陷具有重要意义。阻性电流的多种测试方法也是目前市场上试验仪器和原理的主要区别。

6.4.1 TV二次电压法测量阻性电流

1. TV二次电压法基本原理

电压互感器是监测高压电压信号的重要设备，在变电站中一般安装在各电压等级母线、主变高压出线侧、变电站往线路出线侧等位置，将各电气连接区域的电压实时反映到变电站控制系统与调度系统中。在500kV变电站中，除GIS全封闭母线系统外，220kV以上的电压互感器多为电容式电压互感器，即通过分压电容降低电压后再通过电磁单元的线圈传递到二次低压侧。35～66kV以下低压系统中多用电磁式电压互感器，即没有电容分压单元，直接将高电压信号通过电磁线圈传递到二次侧进入变电站监控系统。

TV二次电压法是将高压侧传递到低压侧的二次电压信号作为同步参考，通过该方法测量MOA同相的TV二次电压，精度最高。

2. TV二次法电压法现场测试流程

TV二次法测量接线如图6-3～图6-6所示。TV二次法测试避雷器阻性电流的实际操作流程如下：

（1）连接仪器试验接线。

（2）开机，进行必要检查操作。

（3）将参考电压接线接入TV（CVT）二次侧备用线圈两端接入。

（4）在避雷器泄漏电流监测仪（放电计数器）上下两端接入泄漏电流测量线的两个端子（上红下黑）。

（5）开始测量。

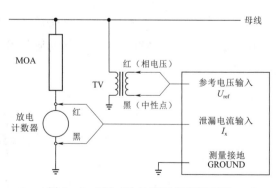

图6-3　TV二次法测量接线原理图

图6-4　TV二次法测量接线

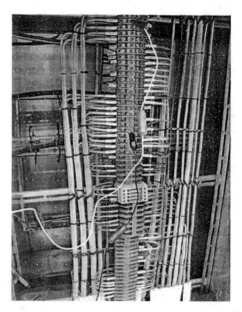

图 6-5 TV 二次法取参考电压接线 1　　　　图 6-6 TV 二次法取参考电压接线 2

3. TV 二次法电压法实用性分析

TV 二次法的优势在于：0.5 级 TV 角差为 $20'(0.33°)$。从 MOA 评价来看，$1°\sim2°$ 的误差可以接受，而仪器自身的角度误差在 $0.1°$ 以内，因此 TV 自身误差可以忽略。

可以用一个 TV 二次电压测量三相 MOA，不是同相的情况下，仪器可以补偿 $120°$ 或 $240°$。曾经测量过不同相 CVT 末屏电流之间的相角，与 $120°$ 的偏差只有 $0.1°$。这说明三相电压具有非常好的对称性，用一相 TV 参考测其他两相 MOA 完全可行。

TV 二次法的劣势在于：在操作的方面，由于被测设备可能离可采集二次电压的 TV 距离较远，而采用较长试验线一是造成采集的模拟信号受长试验线影响；二是造成操作不便。最重要的是，由于要在运行的重要一次设备二次端子箱中进行操作，具有较大的人为误碰、误断二次接线端而造成设备跳闸的重大隐患。在对省、地市级检修公司所辖设备数量及带电测试工作量的统计，要进行大量此类作业将存在巨大的电网风险，500kV 主网变电站设备跳闸将带来巨大的负荷损失和社会影响。因此，电网公司的管理制度对正常运行以外设备接入系统管理非常严格，公司禁止对运行中的 CVT 二次端子箱进行该类操作，从制度上基本断绝了以此法为基本原理的现有设备和试验方法的应用可能。

因此，虽然此法能够得到避雷器阻性电流较准确数值，但不具备在电网企业日常运检作业中开展条件。

6.4.2 感应板法测量阻性电流

1. 感应板法基本原理

感应板法取参考电压接线图如图6-7所示。

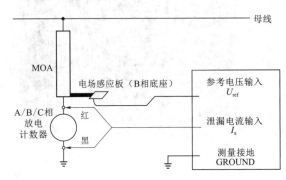

图6-7 感应板法取参考电压接线图

将感应板放置在MOA底座上，与高压导体之间形成电容。仪器利用电容电流做参考对MOA总电流进行分解，将电压换为感应板的电流即可。

感应板法取参考电流原理图如图6-8所示。电场E中，面积S的感应板上会聚集电荷$q=\varepsilon_0 Se$，$\varepsilon_0=8.854\times10^{-12}f/\mathrm{m}$为真空介电常数。

交流电场中$e=E\sin(2\pi ft)$，感应电流为

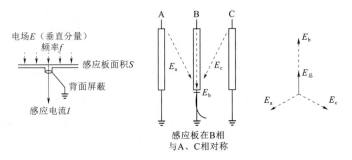

图6-8 感应板法取参考电流原理图

$$i=\frac{\mathrm{d}q}{\mathrm{d}t}=2\pi f\varepsilon_0 E\cos(2\pi f)S \qquad (6-1)$$

因此，感应电流有效值$I=2\pi f\varepsilon_0 ES$，相位超前$E90°$，而$E=V/d$与母线电压成正比，与感应板到母线的距离成反比，与母线电压同相。仪器采用的感应板面积$S=0.01\mathrm{m}^2$，在$100\mathrm{kV/m}$电场下，基波$50\mathrm{Hz}$感应电流为$2.8\mu\mathrm{A}$。

2. 感应板法现场测试流程

感应板法测试避雷器阻性电流的实际操作流程如下：

（1）连接仪器试验接线。

（2）开机，进行必要检查操作。

（3）将感应板置于所测间隔 B 相避雷器或容性设备下面。

（4）在避雷器泄漏电流监测仪（放电计数器）上下两端接入泄漏电流测量线的两个端子（上红下黑）。

（5）开始测量。

感应板同时接收 A、B、C 相电场。只有将感应板放到 B 相下面，且与 A、C 相严格对称的位置上，A、C 相电场才会抵消，只感应到 B 相母线电压。如果放到 A、C 相下面都不会正确感应 A、C 相母线电压。

由于感应板对位置比较敏感，可以采用以下办法提高精度：

1）感应板距离母线的距离尽量短，而距离 A、C 的相对位置尽量远，且避开有复杂横拉母线的地方。如果 MOA 的位置不合适，也可以将感应板放到 TV 等设备下面。

2）先用 TV 二次测量 Φ，然后用感应板找到 Φ 相同的位置，并画标记，以后测量都把 感应板放在相同的位置。感应板法测量测量三相避雷器接线图以及相关的现场接线图如图 6-9～图 6-11 所示。

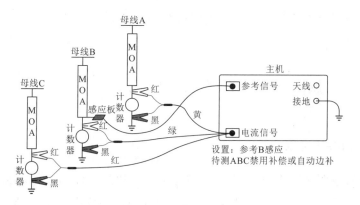

图 6-9　感应板法测量三相避雷器接线图

图 6-10　济南泛华 AI610X 系列感应板在 GIS 取感应电流

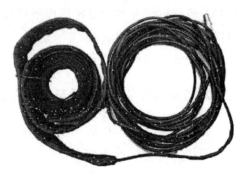

图 6-11　济南泛华 AI610X 系列柔性感应带（可贴在 GIS 接缝密封圈处）

3. 感应板法实用性分析

感应板法的优势在于：不必在采集参考信号的同时引入安全问题。采集参考信号的位置多元化，可在被测避雷器 B 相位置（抵消掉 A、C 两相电容电流的影响），也可在容性设备下方、GIS 设备密封圈等处。

采集一个有效的参考电流信号同样可以测量三相 MOA，不是同相的情况下，仪器可以补偿 120°或 240°。三相电压具有非常好的对称性，用一相感应板参考测其他两相 MOA 可行。

感应板法的劣势在于：在操作的方面，感应板对位置比较敏感，在现场复杂的环境中，三相设备、周围设备、上方母线共同作用的交变电场中，寻找合适的感应位置，取得准确的参考电流方向需要测试人员具备相当的熟练度和耐心。同时由于感应板开放式的感应回路，受电场环境和人为因素影响，取得的参考电流相位角度可能存在不同程度的偏差。与 TV 二次法相比其可靠性较低。

因此，此法虽然可以回避接入二次端子带来的安全问题，但由于其对经验的依赖和操作的不确定和不可重复性，尽管多种仪器都配有相关测试终端，他在现场实际作业中较少得到应用。

6.4.3　检修电源参考电压测量阻性电流

1. 检修电源参考电压法基本原理

取交流检修电源 220kV 电压为虚拟参考电压，再通过相角补偿求出参考电压。系统电压互感器端子箱是 Y/△-11 接线方式，检修箱内检修电源是 △/Y-11 接线方式，两者角差为 30°，因此由以上推断，进行避雷器阻性电流测试只需要取流过避雷器计数器的泄漏电流和检修电源箱内电压进行测试。自行修改取参考电压的角度，就更方便进行避雷器阻性电流测试，避免了通过取电压互感器端子箱内二次参考电压的误碰、误接线造成的风险，同时又节省了人力资源。

2. 检修电源参考电压法现场测试流程

检修电源参考电压法现场图如图 6-12 所示。检修电源参考电压法测试避雷器阻性电流的实际操作流程如下：

（1）连接仪器试验接线。

（2）开机，进行必要检查操作。

（3）将电源电压信号采集器接入变电站检修电源箱 A 相 220V 电源，打开通信开关。

（4）在避雷器泄漏电流监测仪（放电计数器）上下两端接入泄漏电流测量线的两个端子（上红下黑）。

（5）开始测量。电源电压参考采集的关键是信号传输。待测避雷器距离参考电源可能较远，早期的方法是用一个隔离变压器实现隔离，隔离后的电压经过长电缆屏蔽线送到主机。整个过程都是模拟量传输。

使用无线传输可以大大简化收放电缆的工作量。一种方法是无线传输模拟量。由于无线通道的幅值精度很差，而且有信号失真，这种方法无法保证精度。

另一种方法，即唯一可行的方法是先将参考电压转换为数字信号，然后将数字信号无线发送到主机。

图 6-12　检修电源参考电压法现场图

该方案中，隔离器中的 A/D 负责采样电压波形，并将数字信号发送到主机；主机中的 A/D 负责采样电流波形，并接收隔离器发来的数字信号。这就出现了一个新的问题：如果不能保证双方 A/D 同步采样，而是各自随机采样，两个波形的相位角便没有可比性，不可能检测出两个波形之间的相位角。

为了确保双方 A/D 同步采样，常用的方法是隔离器和主机各配置一个 GPS 接收模块。该模块可以输出高精度秒脉冲信号（PPS）双方的 A/D 转换器在 PPS 控制下每秒同步采样一次，隔离器完成 FFT 后将数据发送给主机再进一步计算。GPS 同步是不错的方法，但是这样的仪器无法在室内环境中完成校验，也无法在室内变电站使用。为了实现现场的可用，采用了另外一个方法，即隔离器先发送一个同步码，然后开始采样。主机不断检测同步码，一旦接收到隔离器传来的同步码，便开始同步采样。等采样结束，隔离器再将数据发送到主机，与主机采样的数据合并运算。实测表明，该方案可使双方的同步精度达到 $3\mu s$ 以内，折合相位角误差为 $0.05°$，完全能满足 MOA 的测量要求。

3. 实用性分析

检修电源参考电压法的优势在于：同样回避了涉及运行设备二次端子的安全问题。参考信号采集位置固定，受环境影响小，操作的人为因素少，对经验的依赖度低，一个参考点通过设置与避雷器相位的不同偏差修正角度可以测量站内所有避雷器（只要电缆或无线连接覆盖范围够），重复性高。

检修电源参考电压法的劣势在于：在现场应用中，由于固定参考电压采样点，针对不同远近和位置的待测避雷器，必然涉及信号的传输问题。新型仪器通过增加的无线传输同步单元将参考信号同步至测试仪。由于运行规程的限制，不能在站内检修电源内加装固定的参考电压同步单元，只能采用移动式检测单元。而被测避雷器其上部电压与检修电源的关系是，如某500kV线路进线避雷器上端电压通过母线—主变—低压侧母线—所用变—低压电缆—检修电源箱的转换关系，与本方法取得的检修电源参考电压产生对应关系。由此路径的两端电压具有微小的相位差。经现场实际测试为$0.5°\sim1°$。

因此，此法取得的参考电压与被测避雷器存在较小但不能完全忽略的不同期问题，无法达到TV二次的测量精度。但由于此法具有较强的可操作性，关于数据传输的问题也在今年内较好地得到实现，因此此法正在南方电网和国家电网部分地区进行试用和推广。

6.4.4 容性设备末屏电流法测量阻性电流

1. 容性设备末屏电流法基本原理

使用容性设备末屏电流做参考可以提供很好的精度。容性设备自身的介损很小，$\tan\delta=0.2\%$对应的角度误差只有$0.1°$，对MOA来讲相当于标准电容。虽然容性设备也存在相间干扰，但其电流数值高于MOA几十倍以上，相间干扰也只有MOA的几十分之一，可以忽略。对于此法，要求对避雷器所在站内容性设备进行改造。安装了容性设备带电测试或在线监测装置的电流互感器与电压互感器均可进行此法的实施。容性设备末屏电流法接线原理图如图6-13所示。

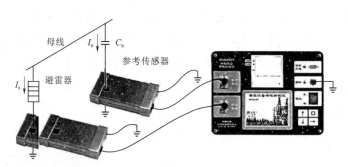

图6-13 容性设备末屏电流法接线原理图

2. 容性设备末屏电流法现场测试流程

容性设备末屏电流法测试避雷器阻性电流的实际操作流程如下：

（1）连接仪器试验接线。

（2）开机，进行必要检查操作。

（3）将参考信号测量线接入避雷器附近同相容性设备（异相需要设置参考电压角度）末屏接地电流监测 TA 单元上，仅有引下线的采用高精度钳形传感器套在引下线上，如图 6-14 所示。

（4）在避雷器泄漏电流监测仪（放电计数器）上下两端接入泄漏电流测量线的两个端子（上红下黑）。

（5）开始测量。

3. 实用性分析

容性设备末屏电流法的优势在于：避雷器附近常安装有电压互感器、电流互感器。就近取得的末屏电流信号经过 90°转换已经非常接近避雷器顶端电压相位角，甚至优于经过电磁单元转换的 TV 二次电压。采用避雷器同间隔的容性设备末屏电流能够实现最大准确性。采用母线电压互感器作为参考信号

图 6-14　高精度钳形传感器取容性
设备末屏电流参考信号

测量同电压等级全站避雷器也较其他方法有更高的准确性。根据目前运行设备试验数据，大部分正常电流互感器介质损耗值在 0.1%～0.8%，转换成角度不到 0.5%（arctan0.008≈0.458°）。

正常电容式电压互感器每节介质损耗值在 0.02%～0.1%，状态正常无缺陷的多节串联耦合电容的整体介质损耗大致与单节同数量级。因此 CVT 几乎可以当作纯电容参考电流。

容性设备末屏电流法的劣势在于使用末屏电流需要解决以下问题：

（1）需要改造容性设备的末屏接地线，从容性设备接线箱内部引到较低的位置，并且裸露。在已经安装容性设备在线测量系统的变电站，这种改造已经完成，否则要利用停电机会单独改造。用于 MOA 测量时，一个电压等级的母线使用一台容性设备即可，因此改造的工作量并不大。

（2）采用固定穿心式电流传感器或开口式钳形传感器检测电流。采用钳形传感器更加方便，可以不依赖各种固定传感器的接口。钳形传感器的幅值精度没有问题，关键是要提高钳形传感器的相位精度。部分厂家采用最新的钳形传感器已经解决了这个问题，相位精度优于 0.1°。

综上，容性设备末屏电流法具有较高的准确性，但由于其测量末屏电流的需要，必须对站内容性设备（最好是同间隔的电容式电压互感器）进行末屏接地引线改造，所以，此法适用于安装有容性设备带电测试或在线监测装置的变电站。

6.5　诊断方法

带电测试时应以阻性电流占全电流的比值变化结果作为判断绝缘状况的主要依据，并结合相同批次、类型等进行横向比较，同时排除各种干扰因素的影响。

1. 纵向比较法

同一产品，在相同的环境条件下，阻性电流初值差应不大于50％，全电流初值差应不大于20％。当阻性电流升高到原来的150％以上时，应缩短试验周期并加强监测，增加1倍时应停电检查。

2. 横向比较法

同一厂家、同一批次的产品，避雷器各参数应大致相同，彼此应无显著差异。如果全电流或阻性电流差别较大，即使参数不超标，避雷器也有可能异常。

3. 综合分析法

当怀疑避雷器泄漏电流存在异常时，应排除各种因素的干扰，测试结果的影响因素；并结合红外精确测温、高频局放测试结果进行综合分析判断，必要时应开展停电诊断试验。

6.6　案例

1. 案例简介

某220kV变电站于1996年3月投入运行，2014年3月24日，按照带电测试计划，班组工作人员对全所110kV及以上避雷器进行带电测试，测试过程中发现220kV副母避雷器A相数据异常，阻性电流绝对值达到67μA，初值差增加50％。根据带电检测规程要求，应适当缩短检测周期，并进行跟踪观察。班组每月对其进行跟踪检测，检测数据依然呈现上涨趋势。结合检修计划，2014年9月24日，停役该间隔设备进行C级检修试验，例行试验结果表明该避雷器U_{1mA}及$75\%U_{1mA}$均达不到合格要求，由于避雷器运行年数较长，分析为避雷器内部绝缘老化引起数据增长，做出对其更换处理的决定。

2. 检测分析方法

对某 220kV 变电站全所 110kV 及以上避雷器进行带电测试，发现 220kV 副母避雷器带电测试数据异常，见表 6-1。

表 6-1　　　　　　　　　　　　220kV 副母避雷器带电测试数据

设备名称		220kV 副母避雷器		
试验日期/(年.月.日)		2011.12.06	2013.04.08	2014.03.24
试验温度/℃		10	17	16
试验湿度/%		50	45	55
运行电压/kV		220	220	220
A 相	$I_x/\mu A$	642	602	575
	$I_R/\mu A$	42	53	67
B 相	$I_x/\mu A$	582	583	559
	$I_R/\mu A$	43	46	48
C 相	$I_x/\mu A$	621	631	592
	$I_R/\mu A$	15	20	31
结　论		合格	合格	合格

通过表 6-1 数据，发现 A 相避雷器阻性电流数值达 67μA，且初值差达 59%，根据国网浙江省电力有限公司《金属氧化物避雷器带电检测规程》要求，应对其适当缩短检测周期，并进行跟踪观察。

班组决定每月对其进行跟踪检测，经过 4—9 月 6 个月的跟踪检测，带电测试数据见表 6-2。

表 6-2　　　　　　　　　　220kV 副母 A 相避雷器跟踪带电测试数据

月份	$I_x/\mu A$	$I_R/\mu A$	初值差/%	诊断结果
4	573	67	59	异常
5	574	69	64	异常
6	567	72	71	异常
7	566	73	73	异常
8	561	77	83	异常
9	563	76	81	异常

根据每月跟踪检测数据，检测数据每月呈现上涨趋势，表明该避雷器绝缘状况不佳，应尽快安排停电检修进行诊断。

2014 年 9 月 24 日，停役该间隔设备进行 C 级检修试验，表 6-3 为该避雷器例行试验数据。

表 6-3   220kV 副母 A 相避雷器跟踪带电测试数据

相别	绝缘电阻 /MΩ	DC.1mA 电流下的电值 /kV	75%DC1mA 电流下的电压值的泄漏 /μA	底座绝缘 /MΩ
A 上	50000+	144.7	28	2500+
A 下	50000+	151.7	25	2500+
B 上	50000+	146.5	17	2500+
B 下	50000+	145.6	16	2500+
C 上	50000+	146	20	2500+
C 下	50000+	147	14	2500+

例行试验数据显示 A 相上节避雷器 U_{1mA} 偏低，未达到 GB/T 11032—2020《交流无间隙金属氧化物避雷器》规定值，且 $75\%U_{1mA}$ 值初值差为 133%，达不到合格要求。考虑到该避雷器为 1995 年抚顺电瓷厂出品，运行年数较长，数据呈现上涨趋势为避雷器内部自然老化所致，利用停电检修机会对其进行更换处理。

3. 经验体会

（1）避雷器带电测试能有效检测避雷器运行中的阻性电流，对发现避雷器早期缺陷非常有效，通过阻性电流值的变化趋势能比较灵敏的对电阻片初期老化反应做出判断，对后续的检修策略做出指导意见。

（2）当避雷器带电测试异常时，在后期的跟踪环节中除了避雷器带电测试外，还可以结合红外测温、高频局部放电等多种带电测试手段联合检测，从而更好地判断避雷器的状态及故障性质。

（3）在实际工作中，避雷器带电测试工作已纳入设备年度检修计划，与常规试验相辅相成，紧密结合，确保设备运行状态健康稳定。

4. 检测相关信息

检测仪器：H6000R 避雷器带电测试仪。

测试温度 10℃；相对湿度 45%。

第7章　变压器铁芯、夹件接地电流检测

电力变压器是电力系统中的重要设备，是电力设备中故障率较高的一个环节，也是变电站内在线监测的一个重点对象之一，它的正常运行是电力系统的安全、可靠、经济、优质的重要保证。电力变压器正常运行时，铁芯、夹件必须有且仅有一点可靠接地，一旦铁芯、夹件两点或多点接地，在铁芯、夹件内部会产生闭合回路。当交变磁场通过这个闭合回路时，回路将会形成环流，环流会引起设备的局部过热，甚至会造成铁芯、夹件局部烧损，使接地片熔断，从而产生铁芯、夹件电位悬浮，导致更严重的放电性故障。因而，变压器铁芯的故障发生率直接关系到变压器甚至整个电力系统能否安全可靠运行。为了降低铁芯多点接地故障的发生率，可对变压器铁芯接地电流进行检测。

一般情况下，大中型电力变压器的铁芯和夹件会各通过一绝缘套管引出到油箱外与主地网相连，一旦变压器出现接地故障，接地电流大小将出现显著改变。变压器在正常工作过程中，不应产生接地环流。根据 DL/T 596—2015《电力设备预防性试验规程》、Q/GDW 168—2008《输变电设备状态检修试验规程》，要求铁芯、夹件接地电流不大于 100mA。一旦铁芯发生多点接地故障，接地引线电流便会暴增至安培级。因而，通过检测变压器接地电流情况，能够及时确切地判断铁芯、夹件是否存在接地故障。

随着变电站智能化发展，供电可靠性要求不断提升，检测变压器铁芯、夹件接地电流预防多点接地情况的发生尤为重要。通过实时在线监测变压器铁芯、夹件的接地电流，检修人员现场带电检测分析，可提高检修效率，电力设备免停电，带来极高的经济效益和社会效益。

7.1　专业术语

（1）主变铁芯、夹件接地电流检测：指针对主变压器铁芯、夹件对主地网的接地电流的采集、分析、判断的方法。

（2）磁通：设在磁感应强度为 B 的匀强磁场中，有一个面积为 S 且与磁场方向垂直的平面，磁感应强度 B 与面积 S 的乘积，称为穿过这个平面的磁通量，简称磁通。

（3）安培定则：右手螺旋定则，是表示电流和电流激发磁场的磁感线方向间关系的定则。

（4）霍尔效应：当电流垂直于外磁场通过半导体时，载流子发生偏转，垂直于电流和磁场的方向会产生一附加电场，从而在半导体的两端产生电势差，这个电势差也被称为霍尔电势差。

（5）电磁感应定律：即法拉第电磁感应定律，电磁感应现象是指因磁通量变化产生感应电动势的现象，例如，闭合电路的一部分导体在磁场里做切割磁感线的运动时，导体中就会产生电流，产生的电流称为感应电流，产生的电动势（电压）称为感应电动势。

（6）安培环路定理：在稳恒磁场中，磁感应强度 **B** 沿任何闭合路径的线积分，等于这闭合路径所包围的各个电流的代数和乘以磁导率。

（7）漏磁：指在磁屏蔽的设备里，磁屏蔽设备以外的磁场部分，是磁源通过特定磁路泄漏在空气（空间）中的磁场能量。

7.2 检测原理

7.2.1 变压器铁芯、夹件基本构造

电力变压器的基本部件铁芯主要由铁芯叠片、夹件、绝缘件等金属零部件构成，铁芯在原理上构成了磁路闭合的媒介，在结构上构成了支撑绕组的骨骼。根据国家标准规定，变压器铁芯和较大的金属构件都要经套管从油箱的上部引出，并且能够可靠电气接地。

铁芯叠片由电工磁性钢带叠积或卷绕而成，铁芯结构件主要由夹件、垫脚、撑板、拉带、拉螺杆和压钉等组成。结构件保证叠片的充分夹紧，形成完整而牢固的铁芯结构。叠片和夹件、垫脚、撑板、拉带和拉板之间均有绝缘件。夹件及其金属件主要由上下夹件、夹紧螺杆、上下夹件拉杆、垫脚和压钉等组成，如图7-1所示。夹件装置一般为框架式，它在夹持结构上承担了铁芯本体的夹紧力和吊芯检修时的器身重力，同

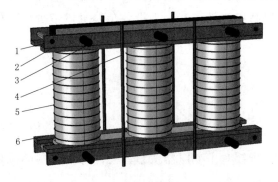

图7-1 铁芯结构件组成
1—接地片；2—上夹件；3—铁轭螺杆；4—拉螺杆；
5—芯柱绑扎；6—下夹件

98

时夹件应同铁芯本体隔开，在铁芯叠片和夹件之间的相贴处都装有可靠绝缘件，无论铁芯还是夹件都必须保证单点接地。

铁芯的绝缘分为两类：铁芯片间绝缘、铁轭与夹件及金属零部件的绝缘。前者铁芯由表面涂有绝缘膜的硅钢片组成，这种在硅钢片片间添加一定绝缘电阻的方式可有效减小涡流。后者主要采用绝缘件的形式。由于片间电容非常大，该绝缘膜电阻用高阻计试验近于短路状态，在交变电场中可将其视为通路。铁芯内部多采用铁芯硅钢片间放一镀锡紫铜片的方法，只要保证铁芯中一点充分接地便可使整个铁芯电位控制在地电位。所以虽然片与片中间存在绝缘，但仍然要理解为铁芯整体接地。

7.2.2 变压器铁芯、夹件正确接地方式

电力变压器的铁芯及较大金属结构件务必可靠接地，500kV 及以上电压等级国产或进口变压器，则要求铁芯和夹件各通过一只套管从油箱上部引出与主接地网连在一起。

铁芯与夹件均需接地，且都要为单点接地。为确保铁芯和夹件的一点可靠接地，变压器铁芯接地有壳内直接接地和套管引出接地两种方式。

壳内直接接地是把镀锡铜片一端伸进铁轭的叠片之间，当铁轭压紧后，成为死端，另一端用螺栓拧固到上、下铁轭的夹铁上面，令铁轭夹件与油箱作直接接触，而油箱是接地的。

套管引出接地是在油箱外接地，这种方式适应铁芯接地电流带电测量的需要，一般大中型高电压等级电力变压器都采用这种形式，此时变压器铁轭夹件与油箱是绝缘的。采用接地套管的变电站大中型主变主要有以下接地方式：

（1）铁芯和夹件各通过一只接地套管引出油箱，然后由两引出线借连接片接到一起一并接地，或皆引至变压器下同外壳一同接地。

（2）铁芯和夹件各通过一只接地套管引出油箱，然后借两引出线分别进行接地。

（3）铁芯硅钢叠片接镀锡铜片连接夹件后，经接地套管引出到油箱外部可靠接地。

7.2.3 变压器铁芯、夹件接地电流测量原理

考虑到在正常工作运行时，变压器铁芯必须有且仅有一接地，并且铁芯的引线是不允许直接连接任何用于测量的设备或装置。基于这些特殊要求，对铁芯内部电流信号采样是不允许直接接线以及测量的方法，只能根据霍尔传感器、罗氏线圈以及电流互感器等原理，采用间接测量方法对变压器铁芯、夹件的接地电流进行采样。

1. 霍尔电流传感器

由于通电螺线管内部存在磁场，其大小与导线中的电流成正比，故可以利用霍尔传感器测量出磁场，从而确定导线中电流的大小。利用这一原理可以设计制成霍尔电流传感器。其优点是不与被测电路发生电接触，不影响被测电路，不消耗被测电源的功率。

霍尔电流传感器有开环（直放式）和闭环（磁平衡式）两种工作方式。开环（直放式）霍尔传感器的优点是电路形式简单，成本相对较低；其缺点是精度、线性度较差，响应时间较慢，温度漂移较大。为了克服它的不足，出现了闭环（磁平衡式）霍尔电流传感器。

霍尔电流传感器工作原理图如图 7-2 所示，主回路被测电流 I_P 在聚磁环处所产生的磁场通过一个次级线圈电流所产生的磁场进行补偿，从而使霍尔器件处于检测零磁通的工作状态。根据安培定理，流过导体的电流 I 会在该导体周围产生一个磁场。这个磁场可用一个高导磁率的磁路来测量。绕在磁路的 N 匝线圈，如果通以 $1/N$ 的反向电流，就可消除原边电流 I_P 所产生的磁场。通过沿磁路安装的磁通探测器（霍尔传感器）检测铁芯间隙中的磁通。如果磁通不为零，霍尔传感器就会有（原副边磁通不平衡的偏差）电压信号输出。该信号经高增益放大器放大后，再调节二次电流 I_S 以抵消原、副边安匝数不平衡所产生的偏差，在铁芯中，始终保持二次电流 I_S 所产生的磁通能够抵消原边电流 I_P 所产生的磁通。

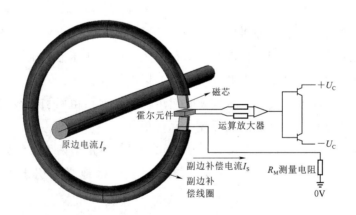

图 7-2　霍尔电流传感器工作原理图

2. 罗氏线圈

罗氏线圈是一种交流电流传感器，是一个空心环形的线圈，有柔性和硬性两种，可以直接套在被测量的导体上来测量交流电流。

罗氏线圈适用于较宽频率范围内的交流电流的测量，对导体、尺寸都无特殊要求，具有较快的瞬间反应能力，广泛应用在传统的电流测量装置如电流互感器无法使用的场合，用于电流测量，尤其是高频、大电流测量。

罗氏线圈工作原理图如图7-3所示，测量原理如下：导体中流过的交流电流会在导体周围产生一个交替变化的磁场，从而在线圈中感应出一个电压信号，根据电磁感应定律及安培环路定理，罗氏线圈输出感应电动势与一次电流变化率成正比；采用微分的逆运算，将输出还原为与输入一次电流成正比的电压信号，通过测量该信号，可以更加直接的反映一次电流；对于罗氏线圈，虽然测量环境具有较大的电磁干扰，配套使用一款优先选用数字量输出的积分器即可。

3. 电流互感器

电流互感器由铁芯和绕组构成，在发电、变电、输电、配电和用电的线路中电流大小相差悬殊，为便于测量、保护和控制需要转换成比较统一的电流，另外线路上的电压一般都比较高，如果直接测量是非常危险的，因此电流互感器就起到电流变换和电气隔离的作用。电流互感器同变压器工作原理相似，都是利用电磁感应原理进行交流电的测量，如图7-4所示。

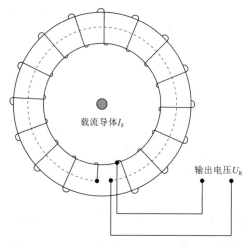

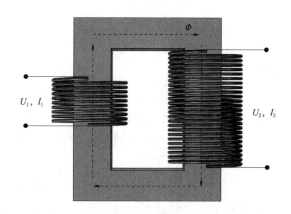

图7-3 罗氏线圈工作原理图　　　　图7-4 电流互感器电磁感应原理图

7.2.4 适用条件

变压器铁芯、接地电流检测技术适用条件为带电检测和在线监测。

带电检测，为检修人员定期前往变电站通过接地电流测试仪（钳形电流表）测量变压器铁芯、夹件接地电流。

在线监测，为利用基于以上几种原理的传感器制成在线监测装置，实时监测变压器铁芯、夹件的接地电流，通过信息通信技术将数据传输到控制中心，以实现远方随时观测变压器接地电流。

本书主要介绍检修人员对变压器铁芯、夹件接地电流带电检测有关内容。

7.3 检测注意事项

在工作现场一般使用接地电流测试仪（钳形电流表）测量变压器铁芯、夹件经一套管引出的接地线，因而要注意钳形电流表的使用及所测设备的运行情况。

使用前，首先检查是否有合格证，以及是否在检验周期之内。钳形电流表属于强检仪表，使用单位必须按时送到送达国家技术监督部门核准的具有检定资格的部门进行检定。检定是保证量值传递的强制性法律规定，也是确保钳形电流表技术性能满足标准要求的技术手段。不经检定或超出检定周期，其性能是无法保证的。

保证钳形电流表可以使用后，在使用过程中应注意以下方面：

（1）检查钳口上的绝缘材料有无脱落、破裂等损伤现象，是否完好无损，若有则必须待修复之后方可使用。钳口应清洁、无锈，闭合后无明显的缝隙。

（2）检查钳形电流表包括表头玻璃在内的整个外壳，不得有开裂和破损现象，因为钳口绝缘和仪表外壳的完好与否，直接关系着测量安全问题，还涉及仪表的性能问题。

（3）测量回路电流时，应选有绝缘层的导线上进行测量，同时要与其他带电部分保持安全距离，防止相间短路事故发生。测量中禁止更换电流挡位。

（4）测量时如需拆除遮栏，应在拆除遮栏后立即进行。工作结束后，应立即将遮栏恢复原位。

（5）使用钳形电流表时，应注意钳形电流表的电压等级，测量时戴绝缘手套，站在绝缘垫上，不得触及其他设备，以防短路或接地。观测表计时，要特别注意，保持头部和带电部分的安全距离。

（6）钳形电流表应保存在干燥的室内，使用时擦拭干净。

（7）测量时，应先估计被测电流大小，选择适当量程。若无法估计，可先选较大量程，然后逐挡减少，转换到合适的挡位。转换量程挡位时，必须在不带电情况下或者在钳口张开情况下进行，以免损坏仪表。

（8）测量时，被测导线应尽量放在钳口中部，钳口的结合面如有杂声，应重新开合一次；若仍有杂声，应处理结合面，以使读数准确。另外，不可同时钳住两根导线。

（9）每次测量前后，要把调节电流量程的切换开关放在最高挡位，以免下次使用时，因未经选择量程就进行测量而损坏仪表。

（10）值班人员在高压回路上使用钳形电流表进行测量工作，应由两个人进行，非值班人员测量时，应填第二种工作票。

（11）对于指针钳形电流表，还要检查零点是否正确，若表针不在零点时可通过调节机构调准。

（12）对于数字式钳形电流表，还需检查表内电池的电量是否充足，不足时必须更新。

（13）对于需外接工作电源的变压器铁芯接地电流测试仪，测试完后，应先将电流测试仪退出，再将卡钳脱离被测铁芯、夹件接地线，以免触电。

7.4 现场实际操作

7.4.1 试验接线

试验接线时；找到变压器的铁芯、夹件引出的变压器接地线；取出钳形电流表（某型号变压器铁芯接地电流测试仪），将电流钳与主机连接，按照变压器铁芯、夹件接地电流检测注意事项，夹取被测接地线。用钳形电流表测变压器铁芯、夹件的接地电流，如图7-5所示。

7.4.2 数据测量

（1）主机开机，等待画面显示菜单页面。

（2）按箭头或点击人机交互液晶屏，选择开始测试，按下确认键，确认开始测试。

（3）读取并记录数据。按停止测试键完成测试，将接地电流测试仪退出。

（4）将测试卡钳从变压器铁芯、夹件引出的接地线上取下。

（5）清理工作现场。

对于一些功能更为齐全的测试仪，仪表可把电流、波形、时间、试品编号保存

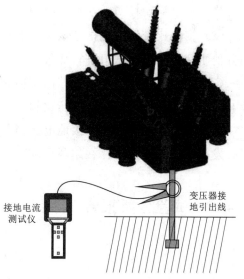

接地电流测试仪　变压器接地引出线

图7-5 用钳形电流表测变压器铁芯、夹件的接地电流

到内存里。在功能菜单状态下，也有"数据查阅""数据删除"等图标，具有测量数据查阅、测量数据删除等功能。

另外，有些测试仪更具有实时监测功能。打开主机进入测试状态，用随机配置的USB通信线连接电脑与主机，运行电脑中已安装的监控软件，若通信正常，电脑能实时监控在线电流。监控软件需 Windows XP/2000 系统安装，具有在线实时监控、历史查询、动态显示，波形指示；具有报警值设定及报警指示；具有历史数据读取、查阅、保存、打印等功能。

7.4.3　试验记录内容

变压器铁芯、夹件接地电流测试报告内容应齐全，包含规范的变压器名称、接地电流测试值、温度、湿度、使用仪器名称型号、测试时间、测试人员等必要内容。

7.4.4　数据评估

根据测试数据，在现场对试验结果初步进行判断，通常使用纵向比较法、横向比较法、纵横向比较法、趋势预测法四种方法。

（1）纵向比较法，是指对该电气设备在不同时间里的测量值，通常与历史数据相比，如变压器初次投运的交接验收值、历史例行测试值。

（2）横向比较法，是指若该站拥有相同型号的其他主变，将此次接地电流测试值与其他主变的当前测试值进行比较。

（3）纵横向比较法，是指若该站拥有相同型号的其他主变，将此次接地电流测试值与其他主变的历史测试值进行比较。

（4）趋势预测法，比较接地电流当前测试值和历史测试值，分析是否存在明确的增长发展的趋势，是否存在越限风险。

7.4.5　试验分析报告

相较于试验记录内容，试验分析报告更为齐全，为试验结束后分析的结果，应包含电力设备详细名称、电力设备工况、检测设备名称型号、检测人员、检测时间、检测数据，重点包含数据分析情况、建议与结论等分析性内容。

7.5 诊断方法

7.5.1 规范标准诊断

1. DL/T 596—2015《电力设备预防性试验规程》

根据 DL/T 596—2015《电力设备预防性试验规程》，表 5 第 8 项铁芯（有外引接地线的）绝缘电阻，要求如下：

（1）与以前测试结果相比无显著差别。

（2）运行中铁芯接地电流一般不大于 0.1 A。

明确提出了运行变压器接地电流应小于 0.1 A 的要求。

2. Q/GDW 168—2008《输变电设备状态检修试验规程》

Q/GDW 168—2008《输变电设备状态检修试验规程》5.1.2.10 节铁芯接地电流测量，规定了在运行条件下，测量流经接地线的电流，大于 100mA 时应予注意。

综上，标准中将 100mA 作为铁芯、夹件接地电流的分界点，因而检测的数值需要准确。当采用钳形电流表测量电流时，应注意减少测量环境干扰因素。降低干扰的方法如下：

（1）选择测量位置。用钳形电流表测试时，测量的位置不同，测量的数据亦不相同。通过现场多次试验结果表明，在变压器油箱高度的 1/2 处漏磁通较小，且测量时钳形电流表还要与接地引下线平行，此时测得的漏磁通干扰最小。

（2）测试测量点背景漏磁干扰电流。首先将钳形电流表紧靠近接地引下线边缘，但不要钳住接地引下线，以读取的电流值作为测试环境背景电流；然后再将接地引下线钳入，读取测量电流值（即铁芯接地电流与测试环境背景电流之和）；最后将两次测量电流的差值作为变压器铁芯实际接地电流值。

7.5.2 综合诊断

当前有许多种变压器铁芯多点接地检测的方法，国内外应用的检测方法也大体分为电气法、气相色谱分析法、绝缘电阻法三种。其中：

（1）电气法（接地电流检测技术）和气相色谱分析法均可在运行变压器上进行，而绝缘电阻法需在变压器停电时进行。因而，综合诊断时需考虑变压器运行状态，变压器投运时可利用气相色谱分析法和电气法进行综合判断，变压器停电时则可运用绝缘电阻法进行直接判断。

（2）电气法除了规范标准诊断 100mA 的阈值外，还可用接地电流分析其大致故障位置。当铁芯和上夹件分别引出油箱外进行接地时，如测出上夹件对地电流为 I_1，铁芯对地电流为 I_2，根据经验可判断出铁芯故障的大致位置，其判断方法见表 7-1。

表 7-1　　　　　　　　　　经 验 判 断 方 法

检测结果	$I_1 = I_2$，数安培以上	$I_2 \gg I_1 I_2$，数安培以上	$I_1 \gg I_1 I_2$，数安培以上
判断	上夹件与铁芯有连接点	铁芯有多点接地故障	上夹件碰壳

另外，虽然气相色谱分析法存在一定的滞后性，但也可用于辅助判断。变压器铁芯发生多点接地的特征气体有 CH_4、C_2H_6、C_2H_4 和 C_2H_2。当油中气体总烃含量高，超过 GB/T 7252—2016《变压器油中溶解气体分析和判断导则》规定的注意值（150 $\mu L/L$）时，其组分含量的排序依次 C_2H_4、CH_4、C_2H_6 及 C_2H_4 顺序递减。即使是油中气体含量未达到注意值的实例，也遵循以上递减的规律。当变压器油中溶解气体的 C_2H_4 占主要成分时，说明变压器铁芯可能发生了多点接地故障。

若经过接地电流检测或气相色谱分析综合判断后，变压器停止投运，可采用 2500V 绝缘电阻表对铁芯接地引下线和上夹件接地引下线进行绝缘电阻测量，由此判断铁芯是否接地以及接地程度。

当发生铁芯多点接地故障后，应综合运用电气法和气体色谱分析法，以准确快速地判断故障位置及性质。

7.6　案例

7.6.1　案例一

1. 某变电站 1 号主变压器铁芯接地电流异常现象

某变电站 1 号主变压器容量为 50MVA，型号为 SZ10-50000/110，接线组别为 YN，d11，投运日期为 2011 年 3 月。在 2013 年 3 月 8 日春季安全检查中，发现该变压器铁芯和夹件接地电流严重超标，其电流值分别达到 3.32A 和 0.86A，严重超出了状态检修试验规程规定的 100mA 警戒值。于是对该变压器开展了一系列的试验进行诊断分析。

2. 铁芯接地电流异常的诊断分析

按照规程规定，该变压器属于危急缺陷，为保证该变压器的安全运行，必须密切跟踪。在跟踪期间从变压器油色谱分析、带电检测等方面进行了诊断分析。

（1）铁芯接地电流跟踪分析。从 2013 年 3 月 8 日开始，对某变电站 1 号主变铁芯及夹件接地电流共进行了 6 次跟踪分析，其结果见表 7 - 2。

表 7 - 2　　　　　　　　　某变电站 1 号主变铁芯及夹件接地电流情况

测量日期/（年.月.日）	天气情况	设备	铁芯接地电流/A	夹件接地电流/A	负荷/MW
2013.03.08	晴	主变	3.32	0.90	15.80
2013.03.10	晴	主变	3.55	0.98	16.10
2013.03.11	晴	主变	3.00	0.80	13.90
2013.03.16	晴	主变	2.83	0.60	14.00
2013.03.19	阴	主变	3.64	0.84	17.96
2013.03.22	晴	主变	3.02	0.76	14.02

由表 7 - 2 可知，铁芯、夹件接地电流与负荷之间存在着明显的正相关关系。但变压器的负荷大小对变压器铁芯、夹件接地电流的影响很小。

（2）变压器油色谱数据分析。3 月 8 日和 3 月 11 日分别对变压器油样进行了色谱分析及油中微水含量试验，并与历史试验数据进行了对比，分析结果见表 7 - 3。

从油色谱分析数据可以看出，各项特征气体与 2012 年的相比没有明显变化，并且 C_2H_4、CH_4、C_2H_6 及 C_2H_4 未呈现递减趋势，油中水分含量稳定，且都符合试验规程要求。

表 7 - 3　　　　　　　　　某变电站 1 号主变油样色谱分析

测量日期/（年.月.日）	油温/℃	成分/（μL/L）								水分/（mg/kg）
		H_2	CH_4	C_2H_6	C_2H_4	C_2H_2	CO	CO_2	总烃	
2013.03.08	38	83.89	5.21	1.09	0.95	0	558.79	1342.84	7.25	10.5
2013.03.11	40	91.61	6.83	1.38	1.13	0	563.07	1298.31	9.34	12.3
2012.11.13	37	82.56	4.29	1.00	0.74	0	343.66	1681.07	6.03	11
2011.06.21	45	94.93	3.94	0.91	0.56	0	186.86	558.58	5.44	10.7

（3）历史电气试验数据分析。查找某变电站 1 号主变铁芯及夹件的历史试验数据，见表 7 - 4。

分析表 7-4 可知，某变电站 1 号主变铁芯对地、夹件对地、铁芯对夹件绝缘电阻均大于 10000MΩ，绝缘状况良好。由此可知主变铁芯、夹件在上次例行试验时不存在金属性多点接地现象。

表 7-4   某变电站 1 号主变铁芯及夹件历史试验数据

试验性质	时间/(年.月.日)	绝缘电阻/MΩ		
		铁芯对地	夹件对地	铁芯对夹件
交接试验	2011.03.02	11000	10000	10000
交接试验	2012.03.16	10000	10000	10000

（4）某变电站 1 号主变铁芯接地电流异常的原因。综合分析铁芯接地电流与负荷之间的关系、油色谱分析中特征气体含量的关系以及 1 号主变交接试验及例行试验，与变压器铁芯接地现象存在很多不相符的地方，因此基本可以排除变压器铁芯内部存在多点接地，故判断在测量时存在外部干扰或另有其他导致接地电流测试不准确的原因。根据分析的结论，在此对 1 号主变铁芯、夹件接地扁铁现场进行查勘，发现接地扁铁在变压器油箱中部有两个特殊的金属螺丝固定点（其余固定点均是绝缘子支撑），如图 7-6

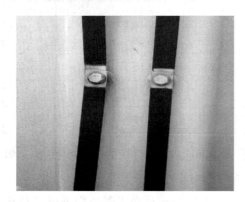

图 7-6   铁芯及夹件接地扁铁连接情况

所示，这是导致该主变接地电流异常的最终原因。

在测量金属螺丝固定点上部和下部铁芯、夹件电流时，发现其测量结果有明显差别。具体测量结果见表 7-5。从测量结果可以分析出该变压器铁芯运行情况良好，导致铁芯接地电流异常的原因是铁芯接地引下线与变压器外壳存在多个连接点，在交变磁场源附近存在闭合回路，从而产生感应电流。

表 7-5   铁芯及夹件电流（变压器负荷：13.9MW）

测量点	铁芯金属螺丝固定点下部	铁芯金属螺丝固定点上部	夹件金属螺丝固定点下部	夹件金属螺丝固定点上部
电流值	3.1 A	0.1mA	0.8 A	0.1 mA

3. 某变电站 1 号主变铁芯、夹件接地扁铁的整改

通过分析，某变电站 1 号主变压器的铁芯、夹件接地引下线安装不规范导致测量电流异常是造成误判某变电站 1 号主变存在缺陷的主要原因。根据实际情况提出改进

意见，将铁芯、夹件接地扁铁与变压器身处的金属连接点用绝缘子支撑，使得铁芯、夹件接地扁铁与变压器身不构成回路，消除对测量的影响。某变电站1号主变铁芯、夹件接地扁铁改进后的效果图如图7-7所示。特别是当接地点在变压器顶部时，给铁芯接地电流的测量带来很大的不便和安全隐患，改进后无需在变压器中上部测量变压器铁芯接地电流，保证了测量时对工作人员的安全性和数据的准确性。

4. 总结

从本案例可以得出，在变电站强电场环境下，不能忽视电磁感应，对于结果不明的电流应考虑是否在交变磁场下存在寄生回路。在电气试验过程中，对某项试验数据异常应引起足够重视，铁芯接地电流异常时要结合电气试验和油中气体分析准确诊断数据异常的原因，确定对应的处理方式。

图7-7 改进后的铁芯接地扁铁图

7.6.2 案例二

1. 某35kV变电站1号主变信息

某35kV变电站1号主变型号：SZⅡ-20000/35；容量：20000kVA；出厂日期2011年12月；投运日期为2011年12月。

2. 检测分析

（1）油色谱检测。2018年10月30日变电检修班对35kV某35kV变电站1号主变本体取油样进行年度例行色谱分析，检测后发现油样中总烃数值超标，达308μL/L，超过150μL/L的注意值。

查看前2年油样报告数据正常。根据电力行业标准DL/T 722—2014《变压器油中溶解气体分析和判断导则》规定，当一般特征气体含量超过注意值后可利用三比值法进行分析判断。$C_2H_2/C_2H_4=0/147=0$，三比值法对应编码为0。$CH_4/H_2=105/70=1.5$，三比值法对应编码为2。$C_2H_4/C_2H_6=147/56=2.625$，三比值法对应编码为1。

按021编码组合，根据导则中故障类型判断变压内部出现了中温过热（300～700℃）的现象，造成过热的原因可能由于变压器分接开关接触不良、引线连接不良、导线接头焊接不良、股间短路引起过热、铁芯多点接地，矽钢片间局部短路等原因造成。

（2）铁芯接地电流检测。检修人员立即到现场对变压器铁芯接地电流进行检测，现场测量电流为1880mA，超过 Q/GDW 1168—2013《输变电设备状态检修试验规程》规定注意值100mA 的18.8倍，故判断主变存在铁芯多点接地现象。通过近3年的1号变铁芯电流测量值比较分析，见表7-6，说明铁芯接地为近期1年内出现。为避免继续运行造成故障扩大化，调度安排将此主变转入热备用状态。

表7-6 1号主变历年铁芯接地电流测量值比较表

项　　目	注意值/mA	测量值/mA	结论	测量日期/（年．月．日）
1号主变铁芯接地电流	≤100	1880	不合格	2018.10.30
	≤100	45	合格	2017.12.02
	≤100	37	合格	2016.12.05

（3）主变停电试验。2018年11月4日对主变停电进行试验，试验人员对1号变进行了绕组直流电阻测试，绕组泄漏电流测试、绕组联同套管的介损测试、绕组绝缘电阻测试，铁芯对地绝缘电阻测试。铁芯对地绝缘电阻为0MΩ，可以看出确实存在铁芯多点接地的现象，对其他试验项目数据进行分析，都在合格值范围之内，这也排除了变压器内部导电部位连接不良、股间短路、砂钢片间局部短路等原因引造成发热的可能，隐患发生的唯一原因是铁芯多点接地，而且接地情况严重。

3. 故障处理

结合历史色谱分析数据的比较分析判断，总烃是在短时间内突发，结合变压器油三比值法分析，判断变压器内部出现了长时间300～700℃的中温过热，说明铁芯对夹件及地之间的短接比较牢固，排除金属碎屑搭桥造成接地的可能，所以决定采用吊罩检修的方式处理。考虑吊罩工作时间长且正值11月重雾天气，空气中灰尘颗粒多，温度高，不能满足吊芯罩对环境的要求，故决定返厂吊罩维修。

2018年11月17日返厂后，在厂家技术人员配合下在对1号变吊罩检查，利用2500V绝缘摇表摇测铁芯对外壳绝缘，听到接地点处放电声，循声找到接地点。在A相发现绕组下部夹件与铁芯之间的厚5mm绝缘纸板与支撑木板发生偏斜，导致铁芯与夹件接触。分析原因，是变压器在车间装配时工艺把关不严，造成夹件对绝缘纸板与绝缘木板的紧固力不强，加之长时间运行震动逐渐造成绝缘件的倾斜，最终导致铁芯与夹件的接触，由于本变压器夹件直接接于外壳，最终导致铁芯多点接地的发生。

对故障点处的绝缘件进行更换，增加了绝缘纸的厚度，对导体连接、夹件连接螺丝全部紧固，摇测绝缘达到2500MΩ，进行装配，对不合格的变压器油全部过滤合格后，本体注油，并进行出厂试验，数据合格。2018年11月21日在对1号主变进行现场重新安装，对散热片、油枕注油，变压器油静置24h后，23日现场对主变进行试验，铁芯接地电阻2500MΩ合格，且其他数据合格。重新恢复送电，投入运行，对铁芯接地电流进行测试为28mA，结果为合格。其后又进行多次接地电流测试，并进行了主变本体油样色谱分析都合格，说明1号主变运行正常，铁芯多点接地现象已经排除。

4. 总结

1号主变绝缘油中溶解气体三比值分析法可以判断变压器内部存在过热现象，结合铁芯接地电流测量与停电试验，能更确切地对总烃超标原因，即铁芯多点接地进行了准确的判断。要对比历次油中总烃大小与铁芯接地电流大小，根据增长趋势，综合分析造成多点接地的是金属碎屑搭桥连接还是铁芯直接与地相接，以便根据情况采用冲击放电方法或吊罩检修的方法进行处理。

测量铁芯接地电流能便捷地发现铁芯是否存在多点接地的情况，《国家电网公司变电检测管理规定（试行）》［国网（运检/3）829—2017］规定35～110 kV变压器每年不少于1次对铁芯接地电流进行测量，建议变电站运维人员应结合每2个月1次的全面巡视开展铁芯电流测量这种运维一体化的工作，缩短试验周期，便于及时地发现此类故障，及时处理，避免事故扩大。

7.6.3 案例三

某日，检测人员在某110kV变电站开展1号主变铁芯接地电流检测时发现，铁芯接地电流测试值达到了535mA，超过规程规定的100mA限额，具体如图7-8和图7-9所示。

图7-8 所测试的主变情况　　　　　图7-9 现场测得实际数值为535mA

对其进行外观检查，发现气体继电器集气盒二次线触碰铁芯接地引下扁铁。结合停电对该二次线进行绑扎处理，处理后铁芯电流恢复正常，如图 7-10 所示。

图 7-10　处理后照片

7.6.4　案例四

某日，某 220kV 变电站 1 号主变铁芯在线监测装置发出告警，显示铁芯接地电流达 1259mA，检测人员赶往现场，使用铁芯接地电流测试仪核对测试，铁芯接地电流为 1207mA。

现场对主变铁芯引下情况外观检查，发现铁芯引下线有绝缘皮包裹，不存在碰触设备接地的情况，铁芯引下线支持瓷瓶无破损，如图 7-11 所示。查阅主变交接试验报告数据，铁芯绝缘电阻为 13000MΩ，抽取主变本体油样进行试验，试验数据合格。

第三日，1 号主变铁芯在线监测装置告警信号消失，电流显示 2.377mA，第五日，装置再次告警，电流显示 1196mA，离线检测铁芯接地电流为 1172mA；上级技术主管决定在对该主变铁芯接地引下线处安装主变铁芯环流限制器进行电流限制，如图 7-12 所示。加装完毕后，铁芯接地电流限制在 2mA 左右。

铁芯引下线
外包绝缘皮
支持瓷瓶完好

图 7-11　现场铁芯引线情况

图 7-12　铁芯接地加装电流限制器

第8章　全站式带电检测模式

8.1　检测模式发展背景

自 20 世纪 60 年代开始，欧美电力工业发达国家在电网中逐步采用状态检修模式，强调设备运行全寿命期间尽可能减少非必要的人为介入停电检修，部分国家推行带电检测加故障检修模式。因此，带电检测技术在国外发展较早，特别是针对带电检测和在线监测技术的探索研究已有 40 多年的历史。

国内电力设备检修在过去较长时间内强调停电检修的计划性和全面性，带电检测技术发展相对缓慢。近年来，随着电力科技的不断进步，不停电检测技术（带电检测、在线监测）发展迅速，并通过不停电检测方式发现了部分设备的潜伏性缺陷，避免了许多设备故障发生，逐渐成为"保电网、保设备"的重要技术手段。

随着公司电网规模的进一步扩大、人力资源增长的持续限制、电力设备制造技术和检测技术的发展，以及电力用户对供电可靠性要求的日益提高，停电开展试验与检修的难度不断增加。同时，受停电试验最长周期限制，也势必增加了电网的运维成本与误操作风险。因此，考虑到电网供电可靠性以及检修、试验人员的生产承载力与操作安全，带电检测这一设备缺陷管理过程中的"体检仪"显得更为重要，而原有的带电检测模式存在闭环周期长、缺陷诊断手段单一等弊端，限制了深入推进设备缺陷管理工作的长远发展，探索一种更全面、更高效的带电检测新模式迫在眉睫。

8.1.1　带电检测试验项目逐年增加

随着新型带电检测技术不断完善并投入生产实际，电力企业需开展的带电检测项目也逐年增加，由 10 年前的 2 项增加到目前的 7 项，如图 8-1 所示。

虽然检测项目不断增加，但因为人才输出及适龄退休等原因，电力企业基层检测人员人数基本保持不变，与爆炸式增长的带电检测工作需求不匹配，在检修旺季往往无法顺利开展带电检测工作。

1998年	• 公司要求：每年在雷雨季节前开展避雷器带电测试
2000年	• DL/T 664《带电设备红外诊断应用规范》：220kV以下变电站，每年不少于1次红外检测
2008年	• Q/GDW 1168－2008《输变电设备状态检修试验规程》：每年进行1次铁芯接地电流测量
2013年	• Q/GDW 11003－2013《高压电气设备紫外检测技术导则》：220kV以上设备每年开展一次紫外检测
2013年	• 《金属封闭开关设备局放现场检测导则（试行）》浙电运检字〔2013〕31号：每年开展一次开关柜局放测试
2014年	• 《GIS设备带电检测规程（试行）》：每年开展一次GIS特高频局放检测

图 8-1 带电检测项目发展历程

8.1.2 带电检测规程体系逐步完善

近年来，电力企业高度重视带电检测工作推广应用，部分省电力公司如北京、浙江、江苏、上海、湖南等已建立了较为完备的带电检测管理与技术体系，积累了较多的应用成果，逐步出台了相关的带电检测管理规定、指导意见，并制定了带电检测技术现场应用导则和仪器技术规范，如图 8-2 所示。国内带电检测工作方兴未艾，正朝着有序、规范化方向推进，形成了完善的带电检测企业标准体系框架。

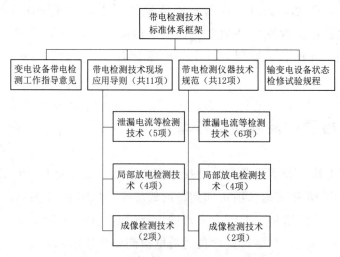

图 8-2 国家电网带电检测技术标准体系

上述文件规定了带电检测组织机构、工作内容、工作要求和评估考核，并明确了检测项目、周期、要求等，具有重要的指导意义。电力企业基层班组所负责的带电检测项目及标准也发生了较大的变化。部分检测项目检测频次的减少及检测时间灵活可变，使电力企业对检测项目进行调整、整合成为可能。

8.1.3　带电检测仪器库基本完备

因为高端的带电检测仪器应用的带电检测技术实施成本较高，并且部分核心技术与设备大多依赖进口，使整体的价格增加，检测仪器不完善一直以来都是制约基层班组开展带电检测工作的因素之一。由于仪器不足，以往部分带电检测项目只能进行外包，由仪器、人员充足的外包单位执行带电检测工作。而随着电力企业"超市化采购"进程的深入推进，基层班组的检测"武器库"不断得到补充，目前已可以独立完成所有带电检测项目。

8.2　传统带电检测模式

8.2.1　传统带电检测模式简述

变电设备的带电检测工作，主要包含红外热像检测、开关柜局部放电（TEV）检测、超声波局部放电检测、避雷器泄漏电流检测、主变铁芯夹件接地电流、紫外成像检测以及 GIS 超声特高频局部放电检测 7 项检测项目。

传统的带电检测工作以单项检测模式开展，完成所有的带电检测项目需多次往返变电站。每日检测工作结束后，由工作负责人出具相应检测报告，将检测过程中发现的缺陷逐级上报。根据数量统计，平均每日途中用时占比极高，检测效率较为低下。

8.2.2　传统带电检测模式的不足之处

1. 检测手段单一

大多数设备缺陷都伴随着数个不同种类的异常信号，如光、声、温度、电气、机械振动等物理现象或化学变化。

传统的带电检测模式单次仅执行一个检测项目，只能实现对一种异常信号的监测，依赖检测人员经验分析缺陷成因，难以实现缺陷准确定性。如过热缺陷成因主要有接触电阻过大、设备局部放电两种。两者的红外图谱基本没有区别，但其严重程度及后续消缺措施却大相径庭。

2. 缺陷综合管理薄弱

目前，带电检测工作业务还存在若干问题，如带电检测数据整合性、系统性不够；现场工作收集的数据种类多、数量大；当设备带电检测出现问题时，只能采用从往期测试数据中一一查找比对的方式，分析过程繁琐、低效。在带电检测过程中发现缺陷后，当日由工作负责人出具检测报告，根据缺陷重要程度及基层班组人员状况安排复测或其他检测手段辅助检测，从而实现对缺陷的准确定性及分级。其后出具缺陷分析报告提交技术组，酌情安排检修人员消缺、闭环。对同一变电站重复多次进行检测工作，在途中浪费了大量时间，不利于缩短缺陷闭环周期。

3. 检测门槛高

一是，部分检测项目对检测人员的技术力量有较高要求，需要经过长时间培训的检测人员才能胜任，如主变特高频局放检测需要分析 PRPS 图谱和 PRPD 图谱，要求检测人员需具备较强的专业理论基础；二是，进口检测仪器大多为纯英文，也大大提高了检测门槛，限制了使用人员数量；三是，带电检测数据多以分散的方式存放在各运行单位，导致深入的大数据分析不够；四是，带电检测工作的远程诊断和网络化程度也不够，无法充分实现诊断知识与数据共享，不能弥补现场工作人员经验的不足，提高故障诊断的准确性。

4. 检测效率低

某电力公司统计了红外热像检测、开关柜局放测试（TEV 测试）、避雷器带电测试、主变铁芯接地电流检测四个检测项目的用时分布，得到各项目用时分布图如图 8-3 所示。

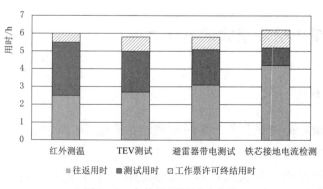

图 8-3 各检测项目用时分布

由图8-3可以看出，大量的工作时间被浪费在往返途中。尤其是主变铁芯接地电流测试，由于其测试用时较短，往往一天要完成4～5座变电站的测试工作，大部分时间都消耗在前往变电站的路上，有效工作时间较短，检测效率低下。

8.3 全站式带电检测模式

传统带电检测模式缺陷定性精度不高，不利于缺陷管理的根本原因是各检测项目相互独立，没有形成良好数据交互平台和联合诊断模式，同时不同检测项目在时间上零散分布，时效性不强。

全站式带电检测模式即同一变电站的红外热像检测、开关柜局部放电（TEV）检测、超声波局部放电检测、避雷器泄漏电流检测、主变铁芯夹件接地电流、紫外成像检测以及GIS超声特高频局部放电检测7项带电检测项目同时开展，一次性完成，并将发现的缺陷按站别统一管理。该模式可以很好地消除传统带电检测的种种弊端。

8.3.1 全站式带电检测模式简述

1. 一体化检测流程

一线班组在调查各带电检测项目用时时发现有以下现象：

（1）红外热像检测、紫外放电检测耗时最长。

（2）开关柜局部放电测试与避雷器带电测试根据变电站不同，在用时上成负相关关系：通常220kV变电站户外线路间隔较多，避雷器带电测试用时较长，电缆出线较少，开关柜局放检测用时较短；110kV变电站则正好相反。

（3）需要进行GIS超声特高频局放测试的GIS变电站，往往避雷器间隔很少。

（4）主变铁芯夹件接地电流用时很短，可以在其他试验项目完成后进行。

全站式带电检测模式，做到了同一变电站的红外热像检测、开关柜局放检测、避雷器带电测试、主变铁芯夹件接地电流、主变特高频局放、紫外放电检测以及GIS超声特高频局放测试7项带电检测项目同时开展，一次性完成。

全站式带电检测分为220kV变电站和110kV变电站两种。

（1）220kV变电站全站式带电检测流程如图8-4所示，具体操作如下：

1）检测人员（通常为6名）到达工作现场后，先由工作负责人履行工作票许可制度并对工作班成员进行现场交底。

2）6名检测人员分为三组：第一组进行红外热像检测、紫外成像检测；第二组进行避雷器泄漏电流检测、GIS 特高频局放检测；第三组进行开关柜局放测试、超声波局部放电测试。

3）根据前文可知，220kV 变电站内开关柜局放检测可在较短的时间内完成，率先完成的小组前往执行主变铁芯夹件接地电流测试。

4）在所有 7 项检测工作都完成后，将所有缺陷汇总到工作负责人处，进行缺陷定性，如有必要则开展复测。

5）由工作负责人填写检修记录，终结工作票，返程或前往下一座变电站。

6）汇总当天所发现的缺陷，并上报工区技术组。

（2）110kV 变电站全站式带电检测流程如图 8-5 所示，具体操作如下：

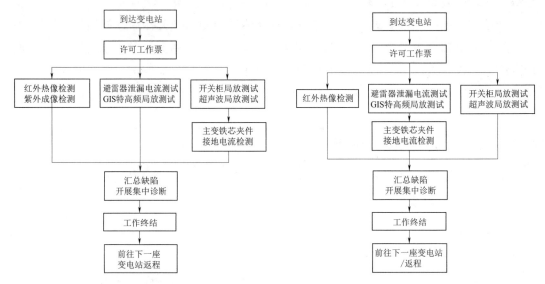

图 8-4　220kV 变电站全站式带电检测流程图　　图 8-5　110kV 变电站全站式带电检测流程图

1）检测人员（通常为 6 名）到达工作现场后，先由工作负责人履行工作票许可制度并对工作班成员进行现场交底。

2）6 名检测人员分为三组：第一组进行红外热像检测；第二组进行避雷器泄漏电流检测、GIS 特高频局放检测；第三组进行开关柜局放测试、超声波局部放电测试。

3）根据前文可知，110kV 变电站内避雷器泄漏电流检测可在较短的时间内完成，率先完成的小组前往执行主变铁芯夹件接地电流测试。

4）在所有检测工作都完成后，将所有缺陷汇总工作负责人处，进行缺陷定性，如有必要则开展复测。

5）由工作负责人填写检修记录，终结工作票，返程或前往下一座变电站。

6）汇总当天所发现的缺陷，并上报工区技术组。

在此模式下，完成一座变电站所有带电检测项目所需的时间由耗时最长的检测项目决定，即220kV变电站所需时间由红外热像检测、紫外成像检测决定，总用时不超过2h；110kV变电站所需时间由开关柜局放检测决定，总用时为1h。在此模式下，虽然每日工作所需的检测人员需求增加，检测变电站数量有所减少，但每座变电站全年只需进行1次带电检测，缩短了往返里程，避免了辗转多座变电站带来的时间浪费和人员疲惫，同时一次完成所有带电检测项目，可以得到运行设备的所有带电检测数据，为检测人员分析设备运行状况提供强大的数据支撑，为进一步做好缺陷管理工作提供基础。

2. 信息化缺陷管理

带电检测的数据整理一直存在滞后性，特别是现场发现危急缺陷检修人员需要参考检测数据尽快处理时，之前在笔记本电脑上统一出具缺陷报告的工作模式不再适用，缺陷图谱即时共享的需求变得日益迫切。在此背景下，变电设备全站式带电检测模式下的多平台互联模式可发挥显著的作用。通过多平台互联，图8-6为多平台互联思维导图，可以实现缺陷快速诊断、智能管理。

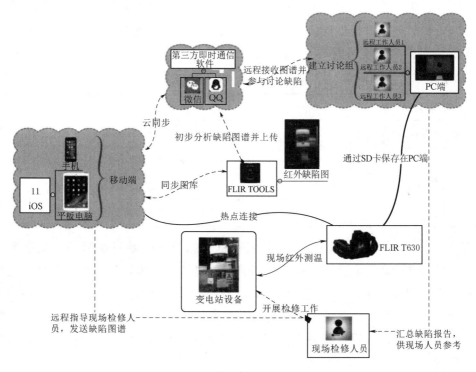

图8-6 多平台互联思维导图

以红外热像检测为例，具体步骤如下：

（1）将T640红外测温仪与手机或平板的移动热点相连。

（2）打开FLIR TOOLS软件，将最近拍摄的红外图库导入手机App中。

（3）汇总潜在红外缺陷图谱并在移动端 FLIR TOOLS 上进行初步分析，上传到微信群和 QQ 群中并讨论。

（4）办公室技术人员在即时通信软件或者第三方软件中下载原图，并在桌面端 FLIR TOOLS 中做细致缺陷分析。

（5）在 Windows 平台中出具缺陷报告，通过即时通信或微信传给相关参与状态检修评价的部门，给现场检修人员数据参考。

此模式方便现场人员的即时沟通，同时大大减小沟通成本，迅速加快现场检修和施工的进展。

8.3.2　全站式带电检测模式的优势

1. 多种检测手段联合诊断

当变电设备存在缺陷时，有时其异常信号比较单一，只能用特定检测手段才能发现设备隐患。但大多数设备缺陷都伴随着数个不同种类的异常信号，如光、声、温度、电气、机械振动等物理现象或化学变化。根据相关检测原理及现场检测经验，表8-1 列出几种典型缺陷类型的联合检测方法。

表 8-1　　　　　　　　　　　　典型缺陷的有效检测方法

缺 陷 类 型	联 合 检 测 方 法
变压器内部放电	超声波、特高频局部放电检测、铁芯接地电流测试
GIS 悬浮放电	特高频、超声波局部放电检测
穿墙套管内部缺陷	红外、紫外、超声波和 TEV 检测
避雷器老化	阻性电流测试、红外检测

相比于以往的单项检测模式，全站式带电检测模式能够对缺陷进行更准确的定性，如：针对穿墙套管，其放电往往伴随着红外过热，这两种手段结合紫外放电检测可以精确定位到放电相别，方便以后消缺；避雷器阀片的老化受潮通过阻性电流测试及红外检测同时反映出来等。通过多种检测手段的综合分析，对缺陷的定性将更加准确，可为后续的消缺工作提供便利；同时真正做到了每个缺陷"只跑一次"，缩短了缺陷闭环周期，提高缺陷诊断精度。

2. 便于带电检测缺陷智能化分析

在变电设备全站式带电检测模式下，检测人员利用多平台数据互联技术，做到了缺陷数据实时共享、远程分析，使身处远方的技术人员也能参与到缺陷分析中来。全站式带电测试缺陷综合分析如图8-7所示。

对于检测过程中发现的缺陷，及时纳入缺陷库，通过缺陷管理软件进行缺陷分析、汇总、管理。由软件分析结果结合专业技术人员分析掌控设备运行状态，实现设备动态评价，以决定是否对该缺陷加强跟踪关注。

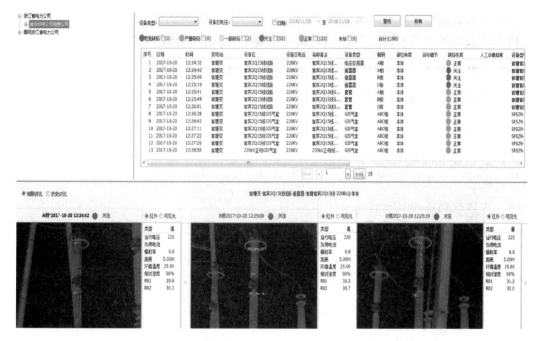

图8-7　全站式带电测试缺陷综合分析

同时结合每日检测工作，对PMS系统内上报的缺陷进行确认，并提供决策依据（建议消缺、闭环或退单），以免出现重复消缺等情况。进一步实现缺陷智能化管理。

做好设备状态综合评价，对设备进行状态检修，做到了有的放矢，减少了检修工作的盲目性，大幅度减少检修时间，提高设备的可用率和供电可靠性，降低了检修成本，提高经济效益。

3. 实现带电检测缺陷集约化管理

传统检测模式下，按检测项目进行汇总生成带电检测试验报告，想要掌握整座变电站的设备缺陷需要查阅多个缺陷库。而在全站式带电检测模式下，一次性完成全站所有带电检测项目，生成的试验报告以变电站为单位汇总，提供对设备历史单向评价和综合评价具体设备状态量性能指标的对比和趋势分析，从而得出某一设备的健康状况水平。只需查询一次数据库就能掌握全站的设备缺陷情况，切实做到"一站一库"，符合国网公司提出的缺陷管理要求。

借助"一站一库"，在变电设备停电检修时，可以快速取得该设备及陪停设备全部带电检测结果及缺陷情况，从而完成对所修设备的所有缺陷彻底消缺，做到有的放矢，减少检修工作的盲目性，大幅度减少检修时间，提高设备的可用率和供电可靠性，降低检修成本，提高经济效益。

全站式带电检测模式下，基层班组按照片区安排检测任务，每日工作完成后，由工作负责人组织出具检测报告，并制作缺陷汇总表提交到技术员处，一个片区的检测工作完成后，由技术员出具总结报告上报上级，进一步细化缺陷管理。

4. 精简带电检测工作流程

以单项检测模式开展带电检测工作，完成所有的带电检测项目就需要多次往返变电站，检测效率相对较低。开展全站式带电检测模式后，同一变电站的带电检测项目可以一次完成，大大提升了检测效率。据统计经验，每日途中用时由 3.5h 缩短到 2.5h，大幅提高了每日工作的有效时间。

全站式带电检测模式下，一座变电站的带电检测工作只需开具 1 张工作票，执行一次工作票许可、终结手续，相对于需要开具 6 张工作票的传统模式，工作票的许可、终结用时缩短到了 1/6，最大简化了工作许可流程，减少了人力资源浪费。

5. 有利于技术人员检测技能快速提高

单项开展带电检测工作，各技术人员对不同检测项目的熟练程度不同，部分技术人员对一些对电气知识要求比较高的检测项目掌握度较低。而开展全站式带电检测工作，可以做到全员参与，通过人员间不断的技术交流，每人从事检测项目的不断变更，可以有效提升技术人员的带电检测技术水平，为带电检测工作的进一步开展奠定基础。现场带电检测教学及带电检测技能交流会如图 8-8 所示。

（a）现场学习　　　　　　　　　（b）技能交流

图 8-8　现场带电检测教学及带电检测技能交流会

每完成一个片区的带电检测工作后，即可召开带电检测技术交流会，对该片区发现的缺陷进行深入探讨分析，并交流个人心得体会，为更好地完成下一阶段带电检测工作提供技术支持。

8.4 全站式带电检测模式下的联合诊断案例

8.4.1 案例一

某日，检测人员在某 220kV 变电站执行全站式带电检测工作时发现某 220kV 出线线路隔离开关 B 相隔离开关支持瓷瓶存在放电过热现象。

现场测试结果如图 8-9、图 8-10 所示。

通过分析红外结果，发现该相支持瓷瓶顶部位置的温度达到了 25.4℃，而正常相的温度为 15.3℃。

其后，检测人员在进行紫外放电检测的过程中，发现该点存在密集的紫外放电现象，B 相支持瓷瓶顶部靠近 A 相侧位置的放电量最大，放电量远大于其他两相值，说明该位置存在放电缺陷。

仔细检查发现该相顶部瓷瓶位置有明显的放电后发白痕迹，如图 8-11 所示。停电检查后发现，该部位的瓷瓶釉面有破损情况。

图 8-9 B 相支持瓷瓶红外图（单位:℃）

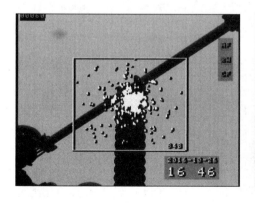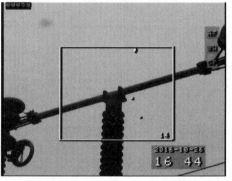

图 8-10 B 相（左）及正常相（右）紫外放电图谱（单位:℃）

图 8 - 11　缺陷位置

8.4.2　案例二

某日，检测人员在 220kV 某变电站执行全站式带电检测工作时发现，1 号主变 35kV 主变开关柜后侧超声数据超标，TEV 数值正常，具体数据见表 8 - 2 和表 8 - 3。

表 8 - 2　　　　　　　　　1 号主变 35kV 主变开关柜 TEV 数据

检测项目 \ 检测部位		开关室前/dB		开关室中/dB			开关室后/dB		
TEV 背景值		10		13			5		
序号	开关柜名称	前面板的 TEV 值 /dBmV		后面板的 TEV 值 /dBmV			侧面板的 TEV 值 /dBmV		
		中	下	上	中	下	上	中	下
1	1 号接地变开关	21	19	12	15	7			
2	1 号主变 35kV 主变插头	15	15	17	17	13			
3	1 号主变 35kV 开关	17	17	17	15	15			
4	5 号电容器开关	19	17	17	16	13			

由开关柜 TEV 数据可以看出，相邻柜体 TEV 数值接近，与背景值相比无明显变化，基本可判定柜体内无局部放电现象。

检测项目 \ 检测部位	开关室前/dB			开关室中/dB			开关室后/dB		
超声背景值	7			3			6		
序号	开关柜名称	前面板的超声值 /dBμV			后面板的超声值 /dBμV			侧面板的超声值 /dBμV		
		上	中	下	上	中	下	上	中	下
1	1号接地变开关	6	6	−2	29	20	17			
2	1号主变35kV主变插头	6	7	4	27	20	20			
3	1号主变35kV开关	7	4	−1	20	17	8			
4	5号电容器开关	8	5	4	17	13	5			

表 8−3　　　　　　　　　　　1 号主变 35kV 主变开关柜超声数据

检测人员分析超声数据得出，1 号主变 35kV 主变开关柜后侧超声数据超标，远大于背景值，且超声数值依次递减，说明在 1 号主变 35kV 主变开关柜后侧空间内存在电晕或者放电现象。

检测人员使用红外成像技术对相近的各设备进行检测，最终发现 1 号主变 35kV 穿墙套管存在过热，该点红外图谱如图 8−12 所示。

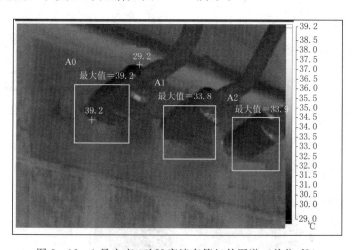

图 8−12　1 号主变 35kV 穿墙套管红外图谱（单位：℃）

其后检测人员使用超声测试仪对该过热点进行监听，发现该点超声数值最大，放电声明显。最终得出结论：1 号主变 35kV 穿墙套管存在放电缺陷，同时导致与其相近的开关柜超声数值超标，停电检查发现该螺丝存在严重锈蚀情况，与金属板接触不可靠。

本案例中，检测人员运用了开关柜 TEV 检测、超声检测、红外热像检测等多种检测手段相互印证，做到了对缺陷的准确定位和定性，为后续消缺工作提供了准确的技术支持。

8.4.3 案例三

某日，检测人员在带电检测工作中发现某 110kV 变电站某线路避雷器 A 相上下部温差超出正常范围，对其红外谱图进行分析。1 号避雷器红外检测图谱如图 8－13 所示，其中在 A、B、C 三相避雷器相同部位各取四个点进行比较，A 相分别为 38.1℃、38.5℃、39.0℃、38.9℃，温差为 0.9K，B 相分别为 37.1℃、37.5℃、37.4℃、37.3℃，温差为 0.4K，C 相分别为 36.3℃、36.3℃、36.5℃、36.6℃，温差为 0.3K。纯瓷氧化锌避雷器温差在 0.5～1K 为异常。

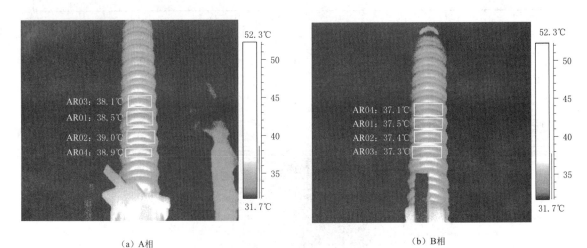

（a）A相　　　　　　　　　　　　　　　　（b）B相

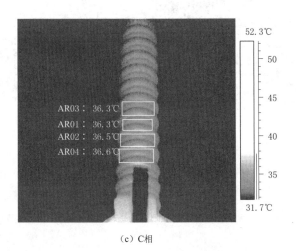

（c）C相

图 8－13　1 号避雷器红外检测图谱

结合避雷器带电检测数据，见表 8－4。

表 8－4　　　　　　　　　　　　　　　　避雷器带电检测结果

相别	阻性电流峰值/mA	全电流峰值/mA	基波相角
A	0.749	1.056	59.85°
B	0.098	0.645	83.82°
C	0.097	0.665	84.05°

从检测结果可以判断，A相避雷器的全电流和阻性电流显著偏大，基波相角也明显偏向阻性分量，判断该避雷器存在问题。

停电开展诊断性试验，测试项目为绝缘电阻、直流1mA下参考电压及75%直流1mA参考电压下的泄漏电流，B相避雷器各项绝缘数据均不满足状态检修试验规程标准值要求，试验数据见表8－5。

表 8－5　　　　　　　　　　　　　　　　避雷器诊断性试验结果

相别	初值			诊断值		
	U_{1mA} /kV	75%U_{1mA}的电流 /μA	绝缘电阻 /MΩ	U_{1mA} /kV	75%U_{1mA}的电流 /μA	绝缘电阻 /MΩ
A	151.9	25	50000＋	120.5	530	102
B	151.5	18	50000＋	149.2	15	58000
C	152.1	19	50000＋	148.9	22	85000

测试结果显示避雷器绝缘不合格。

对避雷器进行解体，打开避雷器顶部金属盖板及防爆膜后发现顶部金属压环锈蚀十分严重，甚至金属件外表层脱层剥离，如图8－14所示。

图 8－14　避雷顶部严重进水锈蚀痕迹

8.4.4 案例四

某日，检测人员在某220kV变电站开展35kV开关柜局放检测工作中，发现4号电容器柜与2号补偿所变开关柜间顶部缝隙处出现幅值达24dB的超声信号，且TEV检测值达到了仪器满量程60dBmV，根据超声异常部位，结合柜体顶部结构示意图（图8-15），初步判断穿柜套管可能存在放电问题。

采用特高频检测技术，在规定缝隙处开展检测工作（图8-16），检测到异常信号，如图8-17所示。从特高频局放检测结果来看，4号电容器柜、2号补偿所变开关柜两柜顶部缝隙对应穿柜套管位置在一个工频周期出现两簇局部放电信号，信号呈现出工频相位内的对称，具有明显的放电特征（接近悬浮放电典型图谱）。

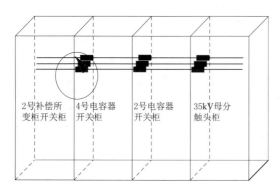

图8-15 柜体顶部结构示意图

图8-16 特高频检测部位

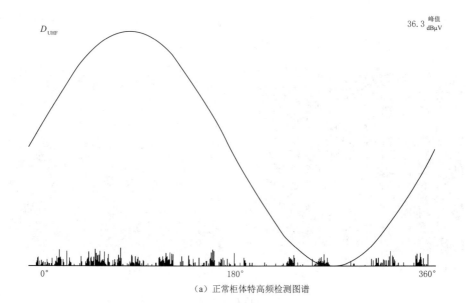

（a）正常柜体特高频检测图谱

图8-17（一） 特高频检测图谱

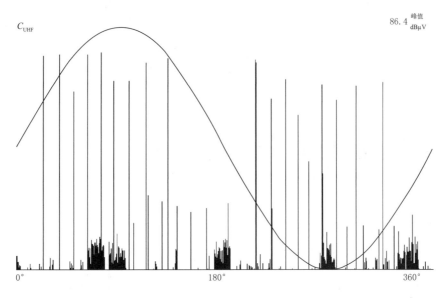

（b）异常位置特高频检测图谱

图 8-17（二）　特高频检测图谱

　　停电检查发现，两柜之间的穿柜套管与管母间的等电位环接触不良，导致放电，如图 8-18 所示。

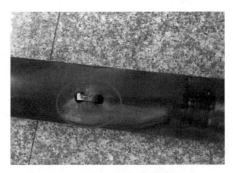

（a）管母内　　　　　　　　　　　　　　　（b）接触不良点

图 8-18　管母与穿柜套管间屏蔽环接触不良

附　　录

附录 A　（规范性附录）红外热像检测报告

表 A-1　　　　　　　　　　　×××变电站红外热像检测报告

一、基本信息

变电站		委托单位		试验单位			
试验性质		试验日期		试验人员		试验地点	
报告日期		编制人		审核人		批准人	
试验天气		温度/℃		湿度/%			

二、检测数据

序号	间隔名称	设备名称	缺陷部位	表面温度	正常温度	环境温度	负荷电流	图谱编号	备注（辐射系数/风速/距离等）
1									
2									
3									
4									
5									
6									
7									
8									
9									
10									
⋮									
检测仪器									
结论									
备注									

附录 B （规范性附录）红外热像检测异常报告

表 B-1 　　　　　　　　×××变电站红外热像检测异常报告

天气＿＿＿ 温度＿＿℃ 湿度＿＿%　　　　　　　　　　　　　检测日期：＿＿＿年＿月＿日

发热设备名称		检测性质	
具体发热部位			
三相温度/℃	A 相：	B 相：	C 相：
环境参照体温度/℃		风速/(m/s)	
温差/K		相对温差/%	
负荷电流/A		额定电流/A/电压/kV	
测试仪器（厂家/型号）			
红外图像：（图像应有必要信息的描述，如测试距离、反射率、测试具体时间等）			
可见光图（必要时）：			
备注：			

编制人：＿＿＿＿＿＿＿＿＿＿＿　　　　　　　　　　　　审核人：＿＿＿＿＿＿＿＿＿＿＿

附录 C （资料性附录）高压开关设备和控制设备各种部件、材料和绝缘介质的温度和温升极限

表 C-1　高压开关设备和控制设备各种部件、材料和绝缘介质的温度和温升极限

部件、材料和绝缘介质的类别①②③		最　大　值	
		温度/℃	周围空气温度不超过40℃时的温升/K
触头④			
裸铜或裸铜合金	（1）在空气中	75	35
	（2）在 SF₆（六氟化硫）中⑤	105	65
	（3）在油中	80	40
镀银或镀镍⑥	（1）在空气中	105	65
	（2）在 SF₆（六氟化硫）中⑤	105	65
	（3）在油中	90	50
镀锡⑥	（1）在空气中	90	50
	（2）在 SF₆（六氟化硫）中⑤	90	50
	（3）在油中	90	50
用螺栓或与其等效的连接④			
裸铜、裸铜合金或裸铝合金	（1）在空气中	90	50
	（2）在 SF₆（六氟化硫）中⑤	115	75
	（3）在油中	100	60
镀银或镀镍	（1）在空气中	115	75
	（2）在 SF₆（六氟化硫）中⑤	115	75
	（3）在油中	100	60
镀锡	（1）在空气中	105	65
	（2）在 SF₆（六氟化硫）中⑤	105	65
	（3）在油中	100	60
其他裸金属制成的或其他镀层的触头、连接⑦			
用螺钉或螺栓与外部导体连接的端子⑧			
（1）裸的		90	50
（2）镀银、镀镍或镀锡		105	65
（3）其他镀层⑦			
油断路器装置用油⑨⑩		90	50

部件、材料和绝缘介质的类别①②③		最　大　值	
		温度/℃	周围空气温度不超过40℃时的温升/K
用作弹簧的金属零件⑪			
绝缘材料以及与下列等级的绝缘材料接触的金属材料⑫			
（1）Y		90	60
（2）A		105	65
（3）E		120	80
（4）B		130	90
（5）F		155	115
（6）瓷漆	油基	100	60
	合成	120	80
（7）H		180	140
（8）C 其他绝缘材料⑬			
除触头外，与油接触的任何金属或绝缘件		100	60
可触及的部件	（1）在正常操作中可触及的	70	30
	（2）在正常操作中不需触及的	80	40

① 按其功能，同一部件可以属于本表列出的几种类别。在这种情况下，允许的最高温度和温升值是相关类别中的最低值。

② 对真空断路器装置，温度和温升的极限值不适用于处在真空中的部件。其余部件不应该超过本表给出的温度和温升值。

③ 应注意保证周围的绝缘材料不遭到损坏。

④ 当接合的零件具有不同的镀层或一个零件是裸露的材料制成的，允许的温度和温升应该是：对触头，表项 1 中有最低允许值的表面材料的值；对连接，表项 2 中的最高允许值的表面材料的值。

⑤ SF_6是指纯 SF_6 或 SF_6 与其他无氧气体的混合物。

　由于不存在氧气，把 SF_6 断路器设备中各种触头和连接的温度极限加以协调看来是合适的。在 SF_6 环境下，裸铜和裸铜合金零件的允许温度极限可以等于镀银或镀镍零件的值。在镀锡零件的特殊情况下，由于摩擦腐蚀效应，即使在 SF_6 无氧的条件下，提高其允许温度也是不合适的。因此镀锡零件仍取原来的值。

　裸铜和镀银触头在 SF_6 中的温升正在考虑中。

⑥ 按照设备有关的技术条件，即在关合和开断试验（如果有的话）后、在短时耐受电流试验后或在机械耐受试验后，有镀层的触头在接触区应该有连续的镀层，不然触头应该被看作是裸露的。

⑦ 当使用表 C-1 中没有给出的材料时，应该研究他们的性能，以便确定最高的允许温升。

⑧ 即使和端子连接的是裸导体，这些温度和温升值仍是有效的。

⑨ 在油的上层。

⑩ 当采用低闪点的油时，应当特别注意油的汽化和氧化。

⑪ 温度不应该达到使材料弹性受损的数值。

⑫ 绝缘材料的分级在 GB/T 11021《电气绝缘耐热性和表示方法》中给出。

⑬ 仅以不损害周围的零部件为限。

附录 D （资料性附录）电流致热型设备缺陷诊断判据

表 D - 1   电流致热型设备缺陷诊断判据

设备类别和部位		热像特征	故障特征	缺 陷 性 质			处理建议
				一般缺陷	严重缺陷	危急缺陷	
电气设备与金属部件的连接	接头和线夹	以线夹和接头为中心的热像，热点明显	接触不良	温差超过15K，未达到严重缺陷的要求	热点温度>80℃或δ≥80%	热点温度>110℃或δ≥95%	
金属导线		以导线为中心的热像，热点明显	松股、断股、老化或截面积不够				
金属部件与金属部件的连接	接头和线夹	以线夹和接头为中心的热像，热点明显	接触不良	温差超过15K，未达到严重缺陷的要求	热点温度大于90℃或δ≥80%	热点温度大于130℃或δ≥95%	
输电导线的连接器（耐张线夹、接续管、修补管、并沟线夹、跳线线夹、T型线夹、设备线夹等）							
隔离开关	转头	以转头为中心的热像	转头接触不良或断股				
	触头	以触头压接弹簧为中心的热像	弹簧压接不良				测量接触电阻
断路器	动静触头	以顶帽和下法兰为中心的热像，顶帽温度大于下法兰温度	压指压接不良	温差超过10K，未达到严重缺陷的要求	热点温度大于55℃或δ≥80%	热点温度大于80℃或δ≥95%	测量接触电阻

设备类别和部位		热像特征	故障特征	缺 陷 性 质			处理建议
				一般缺陷	严重缺陷	危急缺陷	
断路器	中间触头	以下法兰和顶帽为中心的热像，下法兰温度大于顶帽温度	压指压接不良	温差超过10K，未达到严重缺陷的要求	热点温度大于55℃或δ≥80%	热点温度大于80℃或δ≥95%	
电流互感器	内连接	以串并联出线头或大螺杆出线夹为最高温度的热像或以顶部铁帽发热为特征	螺杆接触不良	温差超过10K，未达到严重缺陷的要求	热点温度大于55℃或δ≥80%	热点温度大于80℃或δ≥95%	测量一次回路电阻
套管	柱头	以套管顶部柱头为最热的热像	柱头内部并线压接不良				
电容器	熔丝	以熔丝中部靠电容侧为最热的热像	熔丝容量不够				检查熔丝
	熔丝座	以熔丝座为最热的热像	熔丝与熔丝座之间接触不良				检查熔丝座

相对温差计算公式：$\delta_t = (\tau_1 - \tau_2)/\tau_1 \times 100\% = (T_1 - T_2)/(T_1 - T_0) \times 100\%$

式中：τ_1 和 T_1 为发热点的温升和温度；τ_2 和 T_2 为正常相对应点的温升和温度；T_0 为环境温度参照体的温度。

附录 E （资料性附录）电压致热型设备缺陷诊断判据

表 E-1   电压致热型设备缺陷诊断判据

设备类别		热像特征	故障特征	温差/K	处理建议
电流互感器	10kV浇注式	以本体为中心整体发热	铁芯短路或局部放电增大	4	伏安特性或局部放电量试验
	油浸式	以瓷套整体温升增大，且瓷套上部温度偏高	介质损耗偏大	2～3	介质损耗、油色谱、油中含水量检测
电压互感器（含电容式电压互感器的互感器部分）	10kV浇注式	以本体为中心整体发热	铁芯短路或局部放电增大	4	特性或局部放电量试验
	油浸式	以整体温升偏高，且中上部温度大	介质损耗偏大、匝间短路或铁芯损耗增大	2～3	介质损耗、空载、油色谱及油中含水量测量
耦合电容器	油浸式	以整体温升偏高或局部过热，且发热符合自上而下逐步的递减的规律	介质损耗偏大，电容量变化、老化或局部放电	2～3	介质损耗测量
移相电容器		热像一般以本体上部为中心的热像图，正常热像最高温度一般在宽面垂直平分线的 2/3 高度左右，其表面温升略高，整体发热或局部发热	介质损耗偏大，电容量变化、老化或局部放电		介质损耗测量
高压套管		热像特征呈现以套管整体发热热像	介质损耗偏大		介质损耗测量
		热像为对应部位呈现局部发热区故障	局部放电故障，油路或气路的堵塞		
充油套管	瓷瓶柱	热像特征是以油面处为最高温度的热像，油面有一明显的水平分界线	缺油		

设 备 类 别		热像特征	故障特征	温差/K	处理建议
氧化锌避雷器	10～60kV	正常为整体轻微发热，较热点一般在靠近上部且不均匀，多节组合从上到下各节温度递减，引起整体发热或局部发热为异常	阀片受潮或老化	0.5～1	直流和交流试验
绝缘子	瓷绝缘子	正常绝缘子串的温度分布同电压分布规律，即呈现不对称的马鞍型，相邻绝缘子温差很小，以铁帽为发热中心的热像图，其比正常绝缘子温度高	低值绝缘子发热（绝缘电阻在10～300MΩ）	1	
		发热温度比正常绝缘子要低，热像特征与绝缘子相比，呈暗色调	零值绝缘子发热（0～10MΩ）		
		其热像特征是以瓷盘（或玻璃盘）为发热区的热像	由于表面污秽引起绝缘子泄漏电流增大	0.5	
	合成绝缘子	在绝缘良好和绝缘劣化的结合处出现局部过热，随着时间的延长，过热部位会移动	伞裙破损或芯棒受潮	0.5～1	
		球头部位过热	球头部位松脱、进水		
电缆终端		以整个电缆头为中心的热像	电缆头受潮、劣化或气隙	0.5～1	
		以护层接地连接为中心的发热	接地不良	5～10	
		伞裙局部区域过热	内部可能有局部放电	0.5～1	
		根部有整体性过热	内部介质受潮或性能异常		

附录F （资料性附录）风速、风级的关系表

表 F-1　　　　　　　　　　　风速、风级的关系表

风力等级	风速/(m/s)	地 面 特 征
0	0～0.2	静烟直上
1	0.3～1.5	烟能表示方向，树枝略有摆动，但风向标不能转动
2	1.6～3.3	人脸感觉有风，树枝有微响，旗帜开始飘动，风向标能转动
3	3.4～5.4	树叶和微枝摆动不息，旌旗展开
4	5.5～7.9	能吹起地面灰尘和纸张，小树枝摆动
5	8.0～10.7	有叶的小树摇摆，内陆水面有水波
6	10.8～13.8	大树枝摆动，电线呼呼有声，举伞困难
7	13.9～17.1	全树摆动，迎风行走不便